ÉLÉMENS

DE

CHIMIE DOCIMASTIQUE,

ÉLÉMENS

DE

CHIMIE DOCIMASTIQUE,

A L'USAGE DES ORFÉVRES,

ESSAYEURS, ET AFFINEURS;

Ou théorie chimique de toutes les Opérations ufitées dans l'Orfévrerie, l'art des Effais, & l'Affinage, pour conftater le titre de l'Or & de l'Argent, & purifier ces deux Métaux de l'alliage des autres Subftances Métalliques ; avec un abrégé des principales propriétés qui caractérifent les Matières Métalliques en général ; une explication des principaux termes de l'Art ; & un précis fur l'Hiftoire Naturelle de toutes les Subftances qui font employées dans ces diverfes Opérations.

Par M. DE RIBAUCOURT, Maître en Pharmacie.

A PARIS,

Chez BUISSON, Libraire, rue des Poitevins, Hôtel de Mefgrigny, N°. 13.

M. DCC. LXXXVI.

AVEC APPROBATION ET PERMISSION.

ÉLÉMENS

DE

CHIMIE DOCIMASTIQUE,

A L'USAGE DES ORFÉVRES,

ESSAYEURS, ET AFFINEURS;

Ou théorie chimique de toutes les Opérations uſitées dans l'Orfévrerie, l'art des Eſſais, & l'Affinage, pour conſtater le titre de l'Or & de l'Argent, & purifier ces deux Métaux de l'alliage des autres Subſtances Métalliques; avec un abrégé des principales propriétés qui caractériſent les Matières Métalliques en général; une explication des principaux termes de l'Art; & un précis ſur l'Hiſtoire Naturelle de toutes les Subſtances qui ſont employées dans ces diverſes Opérations.

Par M. DE RIBAUCOURT, Maître en Pharmacie.

A PARIS,

Chez BUISSON, Libraire, rue des Poitevins, Hôtel de Meſgrigny, N°. 13.

M. DCC. LXXXVI.

AVEC APPROBATION ET PERMISSION.

A MONSEIGNEUR

DE CALONNE,

MINISTRE D'ÉTAT,

CONTROLEUR GÉNÉRAL DES FINANCES.

*M*ONSEIGNEUR,

Enhardi par la protection éclatante que vous accordez aux Arts & aux Sciences, j'ose vous dédier ce Traité élémentaire de Chimie Docimastique, dans lequel j'ai taché que les Orfévres, à qui je le destine, trouvassent la sim-

plicité de la théorie, unie à l'exactitude des procédés.

Présenter au Public un Ouvrage orné de votre Nom, c'est, MONSEIGNEUR, anticiper sur son succès : tous les Lecteurs croiront qu'un Livre qui a pu obtenir une recommandation aussi importante, doit être revêtu du sceau de l'utilité ; de même que les Provinces qui vous regrettent, n'ont vu, dans les actes de votre Administration, que des services rendus à l'Etat.

Je suis avec respect,

MONSEIGNEUR,

Votre très-humble
& très-obéissant
Serviteur,

P. DE RIBAUCOURT.

PRÉFACE.

LE Traité élémentaire de Chimie Docimaſtique que j'offre au Public, n'a pour objet, ainſi que l'annonce ſon titre, que l'inſtruction particulière des Artiſtes qui travaillent les matières d'or & d'argent, & ſpécialement des Orfévres; ce n'eſt, à proprement parler, qu'un manuel deſtiné à leur préſenter, dans le meilleur ordre poſſible, tout ce qui peut les guider dans la pratique des divers procédés qu'ils emploient, ſoit pour s'aſſurer du titre de ces métaux, ſoit pour les amener au degré de pureté requis par les ordonnances, ſoit enfin pour les ſéparer les uns des autres.

Si un traité de cette nature exige tous les détails qui peuvent contribuer à établir une théorie auſſi claire que ſûre; ſi j'ai dû ne rien négliger de tout ce qui étoit propre à guider l'artiste dans ses opérations, en lui faisant connoître tous les phénomènes chimiques qui s'y passent ; j'ai dû aussi, sans doute, écarter tout ce qui pouvoit avoir l'air de discussion, & ne me servir que des termes les plus usités, les plus généralement reçus.

Ainsi, si je parle encore, dans cet Ouvrage, le langage de l'ancienne Chimie ; si l'on y trouve les mots de phlogistique, d'affinité, &c. &c. je déclare que, sans décider ni prendre aucun parti entre les Chimistes anciens & modernes, je n'ai cherché qu'à me faire entendre, & que j'ai cru que le moyen le plus sûr pour y parvenir, étoit de me servir des expressions les plus communes.

Enfin, j'ai atteint mon but, si je suis parvenu à me faire entendre, si j'ai eu le bonheur de rendre sensible aux artistes, pour qui j'ai rédigé ce Manuel, tout ce que j'ai exposé sur

la théorie chimique des diverfes Opérations qu'il renferme; fi j'ai pu les
mettre à portée de les exécuter avec
connoiffance; & par fuite, leur faire
éviter les fautes que le défaut de
théorie leur fait commettre à leur
grand préjudice.

TABLE
DES CHAPITRES.

Fin de la table des chapitres.

INTRODUCTION.

Condamné au travail, contraint à déchirer le fein de la terre pour en tirer fa
fubfiftance, l'homme a dû s'occuper d'abord
de la recherche des moyens propres à fou-
lager fes travaux. Le Laboureur, le premier
artifte du monde, n'eut d'autre fecours qu'une
branche d'arbre; un éclat de bois fut fans
doute le premier foc.

Bientôt il fut donner au bois les diverfes
formes propres à perfectionner l'Art utile
auquel il s'appliquoit; il parvint à le façonner
en pelle, en herfe, en foc, &c.

Les bois les plus durs, cédant à la force
& à la continuité de fes travaux, fans doute
il imagina de les durcir par le feu.

Les pierres aiguifées furent fes premiers
outils tranchans.

Quelque perfection que l'homme foit parvenu à donner à ce genre d'inftrumens, ils
ne fecondoient cependant que foiblement
encore fon induftrie; & ce ne fut que par
la découverte des métaux, du fer fur-tout,

A

Origine des Arts.

qu'il se vit en possession de véritables outils propres à remplir toutes ses vues. La découverte du fer est donc, ou doit être regardée comme la plus précieuse que l'homme ait pu faire alors ; c'est donc à elle que nous devons rapporter l'origine des Arts, dont ce métal est en quelque sorte le père.

Découverte du fer & du cuivre.

Les besoins de la société naissante étant très-bornés, le nombre des Arts, & par suite, celui des matières propres à les exercer, des métaux sur-tout, ont dû l'être en proportion ; aussi voyons-nous que l'Écriture, en nous transmettant l'époque de la découverte du

Origine de la métallurgie.

fer, n'associe ce métal qu'au cuivre. Tubal-cain, dit Moïse, fut le premier homme qui trouva l'art de forger le fer & l'airain. Ce passage nous apprend tout à la fois, & que cette découverte est de la plus haute antiquité, & que ces deux métaux furent les premiers découverts.

Découverte de l'or & de l'argent.

Il ne m'est pas possible de fixer ainsi l'époque de la découverte de l'or & de l'argent, & celle de leur emploi : tout ce que Moïse & les Historiens profanes nous ont conservé à leur égard, est postérieur au déluge, bien postérieur par conséquent à la découverte du fer & à celle du cuivre. Tout ce qu'on peut conjecturer, c'est que si les premiers hommes ont connu ces métaux, sans doute ils ne les ont confidérés que comme des objets de pure curiofité. Le métal qui leur procuroit un foc, une bêche, une hache, devoit être d'un bien plus grand prix à leurs yeux, que ceux qui, trop mous pour être employés à ces ufages, n'avoient pour eux qu'un éclat, une couleur, peu faits pour s'attirer les regards de gens fimples, fans luxe, & qui ne connoiffoient d'autres befoins que ceux de la nature.

Et en effet, dans l'enfance de la fociété, la culture de la terre fuffifoit aux befoins de l'homme. Heureux temps, où l'amour du travail & la pareffe diftinguoient feuls les hommes; où l'homme laborieux pouvoit fe fuffire; où il n'étoit pas obligé de défendre, contre l'ufurpation de fon voifin, le champ qu'il avoit fécondé en l'arrofant de fa fueur; de tenir d'une main la charrue, & de l'autre un fabre; où, content du fimple néceffaire, il ne connoiffoit pas même le fuperflu; où enfin, libre du joug tyrannique du luxe, de la mode, il dédaignoit ces mêmes métaux, qui, devenus des fignes généraux de repréfentation, font devenus en même temps l'objet prefque unique de fes défirs ! Heu-

reux au moins encore s'il ne les acquéroit
jamais que par son travail !

Le nombre des hommes croissant sans
cesse, les familles se divisèrent : on établit
des propriétés. Alors chacun, jaloux de conserver ce qui lui étoit échu en partage, ne
se croyant plus d'ailleurs obligé de faire
part à personne de la dépouille d'un champ
qu'il venoit de cultiver seul & sans aide ;
on vit s'introduire l'usage de ne recéder une
denrée qu'on possédoit en trop grande quantité, que pour s'en procurer une autre dont
on manquoit : on vit naître le commerce
d'échange, le premier commerce.

Origine du commerce. Bientôt les hommes se multiplièrent au
point que la contrée qu'ils habitoient ne
fut plus en état de suffire à leur nourriture,
ils furent contraints de se disperser & de
se partager la terre. Ce fut alors que le commerce d'échange, devenant de plus en plus
difficile, impraticable même dans certains
cas, par la difficulté de transporter au loin
des matières dont le volume embarrassoit
souvent autant que leur pesanteur, plus encore peut-être très-fréquemment par le défaut
de marchandises convenables à ceux avec
qui on souhaitoit faire échange ; il fallut
chercher quelque objet qui pût convenir à

tous les hommes, repréfenter fous un petit volume toutes fortes de denrées & marchandifes, & par-là rendre facile toute efpèce d'acquifition, quelles que puiffent être & la nature de l'objet & la diftance des lieux. Sans doute c'eft à cette époque qu'il faut fixer l'introduction de l'or & de l'argent dans le commerce, comme fignes de repréfentation générale; fans doute c'eft à cette époque que remonte l'origine, ou plutôt le germe des monnoies.

J'ai dit le germe des monnoies, car il ne faut pas croire que ce fut fous cette forme qu'on employa d'abord l'or & l'argent dans le commerce : non, certainement. La première manière de s'en fervir dans les échanges, fut fans doute d'en donner un poids relatif à la valeur des marchandifes qu'on achetoit, comme cela fe pratique encore de nos jours dans plufieurs grandes foires de l'Afie. Il fe paffa bien du temps avant qu'on leur donnât une forme, un poids, & un titre conftans; beaucoup plus encore avant qu'on les décorât de l'effigie du Souverain.

L'ufage de l'or & de l'argent ne fut pas plutôt introduit dans le commerce; on n'eut pas plutôt fenti l'avantage de ces métaux, comme fignes de repréfentation; on n'eut pas

A iij

plutôt reconnu la supériorité que leur donnent, en ce genre, leur indestructibilité, la facilité de les réduire en masses d'un poids constant, la propriété dont ils jouissent de conserver les formes qu'on leur a fait prendre, qu'il fallut chercher à s'en procurer de quoi suffire aux besoins de la société. On fut donc contraint de s'appliquer à la recherche de leurs mines, aux moyens de les reconnoître & de les exploiter.

Origine de la Minéralogie.

L'or ne présenta à cet égard d'autres difficultés que celles de l'exploitation. Toujours sous son brillant métallique, & sans être combiné avec aucune substance minéralisante, il n'a été question que de le séparer des sables, pierres, & autres matières hétérogènes avec lesquelles il étoit mêlé; la simple inspection a suffi pour le faire reconnoître.

Mais il n'en est pas de même de l'argent: si la nature nous le présente quelquefois avec son éclat, sa couleur, & toutes ses propriétés métalliques; la quantité qu'elle nous en offre ainsi est bien éloignée de nous suffire. Que dis-je? elle est si petite, qu'elle suffit à peine pour satisfaire la curiosité & orner les cabinets des Naturalistes. La connoissance des mines d'argent ne put donc être que le fruit d'un grand nombre d'observations : sans doute

le hafard eut beaucoup de part à leur décou‑
verte; mais les Métallurgiftes, déjà verfés dans
l'art de traiter les mines de fer & de cuivre,
ne durent pas être embarraffés à exploiter
celles d'argent.

Parmi les mines qu'on exploitoit, quel‑
ques-unes ne fourniffant pas fuffifamment pour
indemnifer des frais d'exploitation, tandis
que d'autres étoient très-riches, on eut re‑
cours à diverfes expériences pour recon‑
noître la quantité qu'elles pouvoient donner
de ce précieux métal. Ces expériences don‑ Origine de
nèrent naiffance à un Art que nous con‑ la Docima‑
noiffons fous le nom de Docimafie, ou l'art fie.
d'effayer, par des opérations, la nature & la
quantité de métal que contiennent les mines,
ainfi que celles des autres matières qui lui
font alliées.

On ne put employer long-temps l'or &
l'argent, fans s'appercevoir que ces métaux
n'étoient pas toujours dans un degré égal de
pureté; qu'ils étoient fouvent alliés à d'autres
fubftances métalliques; l'Art docimaftique
s'appliqua alors à les purifier; on y parvint
par diverfes opérations, telles que la puri‑
fication de l'argent par le nitre, celle de l'or
par la cémentation, par le foufre, par l'an‑
timoine, par la coupellation.

A iv

Enfin, on s'apperçut qu'après les avoir purifiés de l'alliage de toutes les autres subſtances métalliques, ils étoient encore le plus ſouvent alliés entre eux; on imagina de les ſéparer par l'opération du départ.

L'éclat de l'or & de l'argent, la beauté, l'inaltérabilité de leur poli ſe joignant à la rareté de ces métaux pour leur donner du prix, on les employa à la décoration des Temples, on en fabriqua des vaſes pour aider à la pompe des Sacrifices, des figures pour repréſenter les Dieux; les Rois en ornèrent leurs palais, en relevèrent la richeſſe de leurs habillemens. Ces métaux devinrent ou la matière ou l'ornement de leurs couronnes, de leurs ſceptres, de leurs trônes même; les riches en couvrirent leurs tables & leurs habits; les femmes s'en parèrent.

Origine de l'Orfévrerie. L'art de travailler l'or & l'argent, de leur faire prendre toutes les formes propres aux divers uſages auxquels on les deſtine, l'Orfévrerie enfin, eſt un de ceux dont l'origine ſe perd dans la nuit des temps. Le veau d'or que les Iſraélites fabriquèrent dans le déſert, la grande quantité de plaques, de vaſes d'or & d'argent, dont Salomon décora ſon Temple, prouvent que cet Art a été exercé dans l'antiquité la plus reculée.

Le haut prix de l'or & de l'argent n'en per-
mettant la jouiſſance qu'aux Souverains &
aux gens exceſſivement riches, les particuliers
dont la fortune étoit bornée, n'en envioient
pas moins l'uſage; l'induſtrie humaine trouva,
dans les Arts du Tireur & du Batteur d'or &
d'argent, dans ceux du Doreur & de l'Argen- Origine de
teur, les moyens de ſatisfaire en partie à la Dorure.
leurs déſirs, en leur donnant l'apparence de
ces métaux. L'argent fut recouvert d'une
légère couche d'or; le cuivre & tous les
métaux, le bois, le marbre, reçurent une
légère couverte d'or ou d'argent, capable
d'en impoſer aux yeux les plus exercés.

Enfin, dès qu'on eut reconnu que l'or &
l'argent réſiſtoient à toutes les cauſes qui
détruiſent toutes les autres ſubſtances métalliques, la majeure partie même des corps
de la nature, telles que l'action combinée
de l'air & de l'eau, & celle du feu; que les
diſſolvans qui les attaquent ne ſe trouvent
jamais dans la nature, ſont toujours le produit de l'art; qu'ils ne ſe chargent pas même
de la moindre rouille, bien entendu lorſqu'ils
ſont purs : on imagina de s'en ſervir pour
tranſmettre à la poſtérité les effigies des grands
Hommes, les événemens les plus glorieux,
ceux qui méritent de faire époque dans

l'Histoire des Nations; on en frappa des médailles.

Si le commun des hommes, frappé de l'éclat extérieur de l'or & de l'argent, s'occupa tout entier des moyens de les acquérir, les Philosophes, de leur côté, ne purent être indifférens sur la nature de deux métaux qui possédoient des propriétés internes si supérieures à celles de tous les autres corps de la nature. Il ne leur suffisoit pas de connoître les procédés qu'on employoit pour les fondre, pour les travailler ; ils voulurent encore fouiller, pour ainsi dire, jusques dans l'intérieur de leur composition ; ils recherchèrent les causes qui les mettoient si fort au-dessus de toutes les matières connues ; & comme les autres substances métalliques sont ceux de tous les composés naturels qui ont avec ces métaux le plus de propriétés communes, ce furent aussi ceux qui leur servirent à faire des expériences comparatives. Ainsi, les traitant comme les métaux communs, ils parvinrent à les dissoudre, à les précipiter de leurs dissolvans par divers moyens, à les allier, à les amalgamer : mais quelle fut leur surprise, lorsqu'ils découvrirent que, loin de se calciner, de se décomposer comme les métaux imparfaits, ils résistoient à l'action du

feu le plus violent & le plus long-temps
continué, sans y éprouver la moindre altération ?

C'est sans doute à ces recherches que la
Chimie doit son origine, comme c'est à cette
science qu'est due celle de la Docimasie,
& de toutes les autres parties de l'Art métal-
lurgique.

Parmi les Chimistes, les plus sages se con-
tentèrent d'observer les propriétés de l'or &
de l'argent; ils bornèrent leurs recherches à
la découverte des procédés propres à obtenir
ces métaux dans leur plus grand degré de
pureté, ou à en étendre l'usage dans les
Arts: ne les considérant que comme substances
métalliques, faisant plus de cas de leurs propriétés chimiques que de leur prix, s'ils
cherchèrent à les connoître à fond, s'ils
essayèrent à les décomposer & à les recom-
poser; ce ne fut, ainsi qu'ils l'avoient fait
à l'égard des autres métaux, que dans la
vue de reculer les bornes de la science,
d'acquérir de nouvelles connoissances sur
leur nature; l'espoir d'un gain immense n'entra
pour rien dans les vues qui les encoura-
geoient au travail: aussi loin de faire des se-
crets de leurs découvertes, ils s'empressoient
à les publier.

Origine de
la Chimie.

D'autres, emportés par le feu d'une imagination ardente, & séduits par l'espoir d'une fortune sans bornes, crurent qu'ils pourroient à leur gré, soit faire de l'or & de l'argent, soit changer, transmuer toutes les substances métalliques en ces deux métaux. Ils ne s'en tinrent pas là; enthousiasmés des qualités de l'or, ils se persuadèrent qu'une substance si parfaite devoit avoir des propriétés uniques; ils l'introduisirent dans la Médecine : on vit paroître des élixirs, des teintures, des gouttes d'or, des or potable enfin presque sans nombre, auxquels on attribuoit de grandes vertus, & que l'expérience a démontré n'en avoir d'autres que celles des menstrues par lesquels l'or étoit tenu en dissolution.

Je ne parlerai point de la poudre de projection, de la Pierre Philosophale, & de toutes les autres merveilles, objets éternels des recherches de cette secte, à qui la haute idée qu'elle avoit de sa science a fait prendre le nom d'Alchimistes ou Chimistes par excellence. Je ne déciderai pas si la production artificielle de l'or & de l'argent est ou n'est pas une chimère; ce n'est pas ici le lieu d'agiter cette question : je me bornerai à dire qu'en supposant cette production possible, les difficultés insurmontables qu'ont éprouvées tous ceux qui se sont ruinés à sa recherche, sont bien suffisantes pour dégoûter les hommes prudens de se livrer à ce genre de travail.

Si les Alchimistes n'ont point retiré de leurs opérations le fruit qu'ils s'en étoient promis, nous ne pouvons méconnoître qu'ils n'ayent rendu à la Chimie les services les plus importans ; c'est à eux que nous devons la plupart des procédés de la Chimie docimastique : & de combien d'autres procédés importans ne nous auroient-ils pas enrichis, si, semblables aux vrais Chimistes, ils avoient publié leurs découvertes, au lieu de les cacher sous l'emblême d'un langage inintelligible !

Né d'un père Orfévre, très-versé dans la pratique de son Art, j'ai vu exécuter, dès ma plus tendre enfance, les procédés de l'affinage, du départ, de la coupellation, & toutes les opérations de l'Orféverie. Malgré ses connoissances & sa grande habitude, je l'ai vu quelquefois obligé d'en recommencer quelques - unes, & notamment l'affinage & le départ, sans pouvoir se rendre raison des causes qui les lui avoit fait manquer. Le départ sur - tout étoit l'opération qui lui manquoit le plus souvent. Tantôt son or se dissolvoit en tout ou en partie ; d'autres fois, l'eau forte ne mordoit point, la diffolution de l'argent ne fe faifoit pas, ou prefque pas.

Mon père fentoit bien que cela tenoit à la qualité de l'eau-forte, mais il ignoroit quelle étoit la caufe de ces variations ; il n'avoit même aucun moyen de s'affurer de la qualité de ce menftrue : il étoit réduit à effayer l'emploi d'une autre eau-forte, prife ailleurs que la première; & fi elle lui réuffiffoit, il achevoit fon départ : mais je l'ai vu tenter inutilement jufqu'à trois fois l'expérience. Tous ceux qui fe font trouvés dans ce cas, en connoiffent le défagrément & la dépenfe. De tous les Orfévres que j'ai connus, aucun n'en favoit plus que lui à ce fujet ; je les ai tous vus parfaitement réuffir quand ils avoient de bonne eau-forte, & manquer leur opération quand ils tomboient à en avoir de mauvaife, fans pouvoir fe rendre raifon de ce phénomène, fans avoir aucun moyen de connoître, foit par des fignes extérieurs, foit par des expériences d'effai, la qualité de l'eau-forte qu'ils achetoient.

Il en eft de même, comme je l'ai dit, de l'affinage ou purification de l'argent par le nitre ; le déchet n'eft jamais conftant, il eft rarement relatif à fon alliage, & cela faute de bien connoître ce qui fe paffe dans cette

opération, de bien choisir ses matières, &
de gouverner le feu comme il faut.

L'étain a la propriété d'enlever à l'or &
à l'argent leur malléabilité; la moindre quantité de ce métal, sa vapeur seule, suffisent
pour produire cet effet, pour les rendre aigres
& caſſans; & cependant il n'eſt pas rare que
les Orfévres aient de l'or ou de l'argent ainſi
alliés d'étain, ne fût-ce qu'à raiſon des bijoux qu'on ſoude dans certains cas avec ce
métal, & qu'on fond enſuite pêle - mêle avec
d'autres maſſes d'or ou d'argent.

Les moyens que les Orfévres employent
pour adoucir l'or & l'argent dans ces cas,
en détruiſant l'étain, conſiſtent à les fondre
pluſieurs fois, en y projetant du nitre ou
du borax; quelquefois même, lorſqu'après
pluſieurs tentatives le nitre ne leur a pas
réuſſi, ils y projettent du ſublimé corroſif:
mais ces deux moyens, dont le ſecond eſt
très-dangereux, comme je le démontrerai par
un exemple dont j'ai été témoin, ſont encore
ſouvent inſuffiſans.

Je n'avois jamais vu faire ces différentes
opérations ſans intérêt, & dès que je commençai à raiſonner, je déſirai en connoître
la théorie: j'interrogeois ſouvent mon père;
mais parfaitement au fait de la pratique,

comme je l'ai dit, il ne pouvoit me rendre raison des caufes des différens phénomènes qu'elles préfentent. Dès que je commençai à entendre la lecture des Chimiftes, ce voile commença auffi à fe déchirer; les expériences que j'eus occafion enfuite de faire dans le laboratoire de M. Baumé, les leçons de Rouëlle, achevèrent de m'inftruire fur cette matière, à l'étude de laquelle je me livrai avec d'autant plus d'ardeur, que je défirois depuis long-temps la connoître.

De retour dans ma Patrie, je fuivis les opérations de mon père, avec les connoiffances que je venois d'acquérir; & depuis ce temps, je puis dire que mon père, qui fentit les avantages de la théorie que je lui avois démontrée, & qui ne tarda pas à en être pleinement pénétré, ne manqua plus aucune de fes opérations, & m'avoua que les lumières qu'il avoit acquifes lui formoient une économie confidérable.

Je fentis dès ce moment de quelle importance feroit, pour les Orfévres, un Ouvrage qui traiteroit de tous les procédés chimiques qu'ils exécutent tous les jours, & j'en conçus le plan: mais outre que mes occupations ne me permettoient point de me livrer à ce travail, je defirai répéter moi-même, feul,

à

à ma manière, & plusieurs fois, toutes ces opérations; ce que j'ai fait dans les leçons publiques de Chimie que j'ai données pendant six ans dans mon laboratoire, sous l'autorité du Gouvernement.

Telle est la somme des raisons qui m'ont déterminé à donner ce Traité au Public; la majeure partie de ce qu'il renferme est connue de tous les Chimistes; aussi, n'ayant presque rien de neuf à dire, je me serois contenté de publier mes observations dans un simple Mémoire, si je n'avois qu'eux en vue : mais quel est l'Orfévre qui va puiser quelques connoissances éparses dans un Traité complet de Chimie ? N'est-il pas bien plus à propos de les lui présenter rassemblées exprès pour lui ? Je suis même très-porté à croire que ce seroit rendre un service essentiel à tous les Arts qui dépendent de la Chimie, que de leur extraire ainsi tous les procédés qu'ils exécutent, accompagnés d'une théorie précise & lumineuse.

Ce Traité n'est donc, à proprement parler, qu'un extrait des meilleurs Auteurs chimiques; je l'ai puisé principalement dans le Dictionnaire de Macquer, dans les Œuvres de M. Bayen, de MM. Sage & Beaumé, de

MM. Tillet & d'Arcet; dans ceux enfin de Moryeau.

Lorſque ce que j'extrayois d'un Auteur rempliſſoit mes vues, que je ne trouvois rien à y ajouter ni à en retrancher, après avoir conſulté les autres & d'après mon expérience, j'ai copié tout entier ſon paſſage: c'eſt un plagiat, à mon avis, que de défigurer le ſtyle d'un Auteur, quand on n'a rien de mieux à dire que lui.

Je diviſerai ce Traité en ſept chapitres.

Dans le premier, je donnerai l'explication de quelques termes dont l'intelligence eſt néceſſaire pour bien entendre la théorie chimique des opérations dont je me propoſe de rendre compte.

J'aurois déſiré pouvoir ſupprimer ce chapitre, c'eſt-à-dire, ne me ſervir que de termes communs: mais chaque ſcience a ſa langue; la Chimie ſur-tout a des mots que l'uſage a conſacrés, & dont on ne pourroit ſe paſſer, qu'en y ſubſtituant des circonlocutions qui, en alongeant les phraſes, les rendent traînantes, ſouvent obſcures, ou faſtidieuſes. Quelques termes en outre, tels que celui d'affinité, par exemple, expriment des propriétés de la matière, qu'il eſt eſſentiel de

connoître, vu qu'elles font la caufe de prefque toutes les combinaifons chimiques : au
refte, j'apporterai la plus grande attention à
n'employer les termes de l'art que lorfqu'ils
n'auront pas d'équivalent parmi ceux qui font
en ufage dans le langage commun.

Le fecond chapitre traitera de l'hiftoire
naturelle de toutes les matières qui font employées dans les diverfes opérations de purification, d'affinage des fubftances falines
qui aident à la fufion des acides, qui font
les diffolvans de l'or & de l'argent.

Je m'appliquerai principalement, dans ce
chapitre, à tout ce qui a rapport au choix
qu'on doit faire de ces matières; j'indiquerai
quels font les fignes extérieurs, quelles font
les expériences d'effai par lefquelles on peut
s'affurer du degré de leur pureté.

La théorie générale des fourneaux, & fon
application à ceux qui fervent aux opérations de l'Orfévrerie, formeront le fujet du
chapitre fuivant; j'y traiterai auffi des creufets, coupelles, & généralement de tous les
vaiffeaux & inftrumens qui fervent aux opérations chimiques de l'Orfévrerie.

J'expliquerai dans le quatrième chapitre,
quelles font les propriétés générales qui ca-

ractérifent les fubftances métalliques, & en combien de claffes on divife ces matières; quelles font les règles de leurs alliages.

Le cinquième chapitre contiendra fpécialement l'expofition des propriétés chimiques de l'or, la théorie de ceux de ces alliages qui font d'ufage dans l'Art de l'Orfévrerie, celle des moyens qu'on employe pour le purifier.

Dans le fixième chapitre, je fuivrai, à l'égard de l'argent, la même marche que j'aurai tenue dans le précédent à l'égard de l'or.

Comme la coupellation & le départ font communs à l'or & à l'argent, j'ai cru qu'il convenoit de n'en traiter que dans ce chapitre, afin d'éviter d'une part les redites, & de l'autre, de parler par anticipation.

La lavure fera l'objet du feptième & dernier chapitre.

Je terminerai enfin ce Traité par un réfumé général de ce que j'aurai expofé dans tout fon cours. Ce tableau, qui fera celui des connoiffances humaines en cette partie, formera en même temps la conclufion de mon ouvrage.

ÉLÉMENS

DE

CHIMIE DOCIMASTIQUE.

CHAPITRE PREMIER.

Explication des termes.

Acide.

Les acides tirent leur nom de leur saveur aigre.

Les principales propriétés qui caractèrisent les acides, sont;

1°. D'avoir une saveur aigre, telle que celle du citron, de l'oseille, lorsqu'on les applique sur la langue, étendus d'une certaine quantité d'eau; d'exciter sur cet organe une sensation d'autant plus aigre & brûlante, qu'ils sont concentrés.

2°. De rougir les couleurs bleues des végétaux.

Si l'on verse quelques gouttes d'un acide quelconque sur une infusion de tournesol, de fleurs de violettes, sur le sirop violat, &c.; leur couleur bleue passe au rouge à l'instant.

3°. De faire effervescence avec les alkali, * Voyez ces terres absorbantes *, de les dissoudre, & de
mots. former avec eux de nouvelles combinaisons que nous connoissons sous le nom de sels neutres.

4°. D'être spécifiquement plus pesans que l'eau.

Telles font les propriétés qui caractérisent les acides en général, qui servent à les distinguer de toutes les autres substances salines, à les faire reconnoître : mais tous les acides ne jouissent pas de ces propriétés au même degré; il y a une distance immense à cet égard entre l'acide du citron, & les acides marin, nitreux, & vitriolique : quelques acides, d'ailleurs, dissolvent certaines substances que d'autres n'attaquent pas; c'est ce que nous aurons occasion de faire remarquer en traitant de chacun d'eux en particulier dans le second chapitre.

Affinité.

L'affinité ou rapport eſt la tendance qu'ont les parties des corps les unes vers les autres.

Nous diſons qu'il y a affinité ou rapport d'affinité, quand les parties d'un corps s'uniſ-ſent à celles d'un autre corps, de manière à former un ſeul & même tout ; il y a affinité entre l'eau & le ſel, puiſqu'ils s'uniſſent très-bien ; il n'y a pas d'affinité entre l'eau & l'huile, puiſqu'elles ne s'uniſſent pas ; il y a plus d'af-finité entre l'eau-forte & le cuivre, qu'entre l'eau-forte & l'argent, puiſque, lorſqu'on met une lame de cuivre dans une diſſolution d'ar-gent, l'eau-forte abandonne ce dernier métal, pour s'unir au premier.

Alkali.

Cette claſſe de ſubſtances ſalines tire ſon nom du mot *Kali*, qui ſignifie *ſoude*, parce que les plantes de cette famille en fourniſſent beau-coup.

Les propriétés qui caractèriſent les alkali en général, ſont ;

1°. Une ſaveur âcre & brûlante qui a quel-que choſe d'urineux, d'où on les a nommés ſels urineux.

2°. De changer en vert les couleurs bleues des végétaux.

3°. De faire effervefcence lorfqu'on les combine avec les acides.

4°. De fe vitrifier par l'action du feu, & d'aider à la vitrification de plufieurs fubftances, & notamment de plufieurs terres qu'on ne fauroit faire entrer en fufion fans leur fecours, au moins au feu des fourneaux ordinaires.

5°. Ils décompofent tous les fels à bafe terreufe & métallique, c'eft-à-dire, tous les fels qui réfultent des diffolutions des terres ou des métaux par les acides. C'eft ainfi que, fi l'on verfe une liqueur alkaline dans une diffolution d'or, l'alkali s'unit aux acides qui tenoient l'or diffout, & ce métal fe précipite; d'où nous concluons que l'alkali ajouté a plus d'affinité avec les acides qui tenoient l'or en diffolution, que ces derniers n'en ont avec ce métal.

6°. Ils peuvent être réduits fous la forme fèche & pulvérulente, par l'évaporation de toute l'eau qui les tenoit en folution; fi dans cet état on les expofe à l'air, ils en attirent puiffamment l'humidité, & fe réfolvent en liqueur, ce que les Chimiftes appellent tomber.

en *deliquium*. Cette propriété des alkali oblige à les tenir dans des vafes bien fermés, fi on veut les conferver fecs.

7°. L'alkali bien pur n'a ni couleur ni odeur.

La méthode ordinaire de retirer l'alkali des fubftances végétales, telles que les plantes, les bois, le tartre, & les autres matières de ce genre qui le contiennent, confifte à les faire brûler librement & en plein air, à laiffer enfuite confumer entièrement leur charbon ou braife, & à les réduire en cendres ; après quoi on leffive ces cendres avec de l'eau très-pure, jufqu'à ce que cette eau forte infipide ; on la filtre ; on fait évaporer cette leffive jufqu'à ficcité : ce qui refte au fond du vafe eft l'alkali.

De quelque matière végétale qu'on ait extrait cet alkali, s'il a été bien préparé & exactement purifié, il fera toujours le même.

On connoît trois efpèces de fubftances falines qui portent le nom d'akali, mais qui font diftinguées entre elles par des épithètes tirées, ou de leur origine, ou de quelques-uns de leurs caractères fpécifiques.

La première efpèce, connue fous le nom d'alkali végétal, eft ainfi nommée parce

Alkali vé-
gétal.

qu'elle eſt le produit de l'incinération de tous
les végétaux, & qu'elle appartient uniquement à cet ordre de ſubſtances.

Alkali mi-
néral.

Le nom d'alkali minéral a été donné à
la ſeconde eſpèce, quoiqu'on le retire abondamment de la ſoude & de pluſieurs autres
plantes qui croiſſent ſur les bords de la mer,
à cauſe du ſel marin, qui eſt mis au rang
des ſels minéraux, dont cet alkali forme la
baſe; d'où on l'a appelé auſſi alkali marin,
alkali du ſel marin: il ſe nomme auſſi ſel de
ſoude.

De ces deux alkali, le premier, l'alkali
végétal, poſſède toutes les propriétés des
ſubſtances alkalines; le ſecond, l'alkali minéral, diffère de l'autre, en ce qu'il criſtalliſe; qu'il n'a pas beſoin d'être évaporé juſqu'à ſiccité pour prendre une conſiſtance
ſolide; qu'il n'attire point l'humidité de l'air;
qu'il perd au contraire de l'eau de ſa criſtalliſation, & ſe deſſèche; ce que nous appelons tomber en eſfloreſcence. Il en diffère
encore par ſes affinités, & par pluſieurs
autres propriétés dont je ne crois pas devoir
rendre compte, vu que ce ſel n'eſt d'aucun
uſage dans l'Orfévrerie.

Alkali fixe. J'ai dit que l'alkali ſoutenoit l'action du

feu au point de se vitrifier & de vitrifier avec lui quelques substances terreuses; c'est à cette propriété, qui est commune à l'alkali végétal & à l'alkali minéral, que ces deux sels doivent l'épithète de fixe, pour les distinguer de la troisième espèce, qui, cédant à l'action du feu & se dissipant même en entier, a été nommée alkali volatil.

L'alkali volatil jouit des propriétés principales des substances alkalines; mais il diffère des deux précédentes par sa volatilité, qui est telle, que si on l'expose au feu, à un dégré de chaleur bien inférieur à celui de l'eau bouillante, il se volatilise, il se dissipe en entier : que dis-je? la chaleur de l'atmosphère est souvent suffisante pour le volatiliser; on en a la preuve dans le sel d'Angleterre, dans l'alkali volatil fluor, l'eau de Luce, qui perdent leur piquant lorsqu'on néglige de tenir exactement bouchés les flacons qui les contiennent, lors même qu'on les a débouchés un grand nombre de fois, quelque attention qu'on ait apportée à les reboucher promptement.

L'alkali volatil diffère encore des alkali fixes, par son odeur qui est très-forte, très-pénétrante, & si piquante, qu'on ne peut la fupporter un inftant ; elle eft capable de faire perdre connoiffance & de fuffoquer ; elle excite la toux, & tire beaucoup de larmes des yeux. Cet alkali eft bien connu fous le nom d'alkali fluor, de fel d'Angleterre : l'alkali volatil eft encore la bafe de l'eau de Luce, & la caufe de fon piquant ; ainfi, il eft bien peu de perfonnes qui n'en connoiffe l'odeur.

L'alkali volatil eft le produit de la diftillation de toutes les fubftances vraiment animalifées ; il eft auffi celui de toute efpèce de putréfaction : c'eft ce fel qui fait le piquant de l'odeur qu'on fent dans les latrines aux changemens de temps.

L'alkali volatil ne fert directement à aucune des opérations de l'Orfévrerie, mais il eft la bafe du fel ammoniac, dont le mélange avec l'eau-forte eft l'eau régale, la plus connue des Orfévres ; ce qui m'a déterminé à en parler avec un peu d'étendue.

A la rigueur, il y a autant de fels alkali qu'il y a de plantes, de bois, de fubftances végétales dans la nature ; mais comme l'alkali bien préparé eft toujours le même, quelle que foit la matière dont on l'a extrait, on ne connoît dans le commerce que trois efpèces de sel ; savoir , le sel de tartre , la cendre gravelée , & la potasse , dont nous traiterons dans le chapitre suivant.

Les sels alkali dissolvent les huiles & graisses, & les rendent miscibles à l'eau : cette propriété est la base de l'art de fabriquer les savons ; c'est par elle aussi que ces mêmes sels & les savons qui en sont composés , sont si propres à dégraisser , à nettoyer la surface des ouvrages d'or & d'argent qui ont été ternis par quelques matières grasses.

J'ai fait réflexion que parmi les propriétés générales qui caractérisent les acides & les alkali , il en est quelques-unes qui ont une si grandes ressemblance entre elles , qu'il feroit à propos de les rapprocher , afin qu'en les comparant je puisse mieux faire sentir ce qui les distingue : ainsi , par exemple , lorsque , pour caractériser leur saveur , je dis que les acides ont une saveur aigre & brûlante , & que celle des alkali est âcre & brûlante ; cette distinction , qui sans doute suffit aux gens instruits , ne me paroît pas assez étendue pour donner à des gens que je dois supposer ignorer absolument la matière , une idée claire de la saveur de ces deux substances salines, pour les leur faire distinguer avec certitude , pour

les empêcher de les confondre en aucun cas.
D'après ces réflexions , j'ai cru qu'il feroit à
propos de m'expliquer de la manière fuivante.

Caractères
des acides.

1°. L'aigre qui caractérife la faveur acide ,
diffère de l'âcre de la faveur alkaline, en ce
que l'effet du premier eft d'agacer les dents ,
de les hacher , pour me fervir de l'expreffion
vulgaire , ainfi qu'on le fent en mettant dans
la bouche du fort vinaigre , du fuc de citron ,
de l'ofeille ; l'effet du fecond eft de les faire paroître liffes , douces , lorfqu'on les frotte avec
la langue.

2°. Si l'on touche le bout de la langue avec
l'acide nitreux étendu d'un peu d'eau , il y
excite d'abord une fenfation de fraîcheur qui
eft bientôt fuivie d'un picotement très-aigu ,
& enfin d'une chaleur brûlante , & qui fe
fait fentir long-temps : les acides marin &
vitriolique produifent les mêmes fenfations ,
à la feule différence de la fraîcheur qui eft
beaucoup moindre , à peine fenfible même
dans l'expérience faite par l'acide marin.

Si on fait la même expérience avec une
liqueur alkaline, on ne fentira ni fraîcheur ,
ni picotement ; la chaleur fera fubite & extrême ; la fenfation fera profonde , grave ,
mais de courte durée.

3°. Les acides ainsi appliqués sur la langue n'ont aucun mauvais goût ; tous même, étendus d'une quantité d'eau suffisante , ou sont agréables, ou au moins n'ont rien d'absolument désagréable. Tout le monde connoît le goût de l'acide du citron , de celui du vinaigre ; l'acide vitriolique étendu d'eau forme une espèce de limonade assez gracieuse.

Les alkali concentrés ou étendus d'eau développent toujours un goût urineux très-fétide ; tout le monde peut s'en convaincre en goûtant un peu de lessive , ou tenant dans la bouche une pincée de bonnes cendres de bois de foyer.

Caractères
des alkali.

Au moyen de cette explication des caractères par lesquels ces substances salines, quoique très-différentes , paroissent cependant se rapprocher ; je pense qu'il n'est plus possible de les confondre : rien ne me paroît même si facile que de distinguer l'impression que fait l'une de ces substances sur la langue , d'avec celle que l'autre y occasionne.

Amalgame.

On entend en Chimie par le mot amalgame , l'alliage du mercure ou vif-argent avec les autres substances métalliques.

Je traiterai de l'amalgame au quatrième chapitre.

Base.

Lorsque nous dissolvons un corps par un autre, nous donnons au corps dissolvant le nom de menstrue, & le corps dissout prend celui de base.

Ainsi, l'eau-forte, par exemple, est le menstrue de la dissolution d'argent, & ce métal en est la base.

Brillant métallique.

Le brillant métallique est un éclat particulier aux substances métalliques, qui fait même un des caractères par lesquels on les distingue des corps non métalliques.

Cet éclat leur vient de la manière dont ils réfléchissent la lumière, à cause de leur opacité qui est plus grande que celle d'aucun autre corps.

Cément.

On donne en général le nom de cément à toutes les poudres ou pâtes dont on environne des corps dans des pots ou creusets, & qui ont la propriété, lorsqu'elles sont aidées

de

de l'action du feu, de causer certaines alté-
rations à ces mêmes corps.

C'est de là que sont venues aussi les expressions cémenter, & cémentation, qui désignent
l'opération par laquelle on expose un corps à
l'action du cément.

Le seul dont je parlerai est le cément royal,
dont on se sert pour séparer l'argent d'avec
l'or dans l'opération du départ concentré. Ce
cément porte le nom de cément royal, à
cause de l'or qui est regardé comme le roi
des métaux.

Chaux métallique.

On nomme chaux métallique les terres des
métaux dépouillées de leur phlogistique. On
les prive de ce principe par plusieurs moyens.

1°. En les en dégageant par la calcination
ou combustion à l'air libre.

2°. Par l'action des acides.

3°. Par le nitre avec lequel on fait détoner
les substances métalliques.

Les métaux ainsi calcinés ont perdu leur
fusibilité, opacité, ductilité, pesanteur spécifique, & toutes leurs propriétés métalliques;
leurs chaux sont d'autant moins solubles par
les acides, qu'elles ont été plus calcinées,

qu'elles font privées d'une plus grande quantité de leur phlogiftique : elles ne peuvent plus s'unir aux métaux par la fufion.

Concentration.

C'eft le rapprochement des parties propres & intégrantes d'un corps par la fouftraction d'une fubftance qui étoit interpofée entre elles , & qui eft étrangère ou furabondante au corps concentré. Ainfi , par exemple , la folution d'un fel dans l'eau fe concentre lorfqu'on enlève une partie de l'eau de cette folution ; l'ufage a particulièrement affecté le nom de concentration à la déphlegmation des acides.

Condenfation.

La condenfation eft aux corps folides ce que la concentration eft aux liquides ; ainfi, lorfqu'un corps contient beaucoup de matière fous un petit volume , il eft concentré , s'il s'agit d'un liquide ; il eft denfe , compacte , condenfé , fi c'eft un corps folide.

Criftallifation.

La criftallifation eft une opération par laquelle les parties intégrantes d'un corps , féparées les unes des autres par l'interpofition

d'un fluide, font déterminées à se rejoindre
& à former des masses solides d'une forme
régulière & constante.

C'est ainsi que les sels qui ont été dissous
dans l'eau, en passant de l'état de fluidité à
l'état solide, prennent une figure régulière
& constante.

C'est ainsi que l'or & l'argent fondus prennent, en refroidissant, des formes régulières
& constantes.

Décanter.

C'est l'action de tirer une liqueur de dessus
un dépôt ou un marc, en la versant douce-
ment & par inclination.

Décrépitation.

Certains corps, lorsqu'on les chauffe brusquement, sont susceptibles de se dilater
en pétillant avec bruit ; c'est ainsi que le sel
marin, jeté sur des charbons ardens, pétille
& saute avec violence.

Cet effet est dû le plus souvent à ce que
l'eau enfermée entre les parties du corps qui
décrépite, étant réduite promptement en vapeurs par la chaleur subite qui lui est appliquée, les écarte & les fait sauter avec effort

& avec bruit ; & il eſt d'autant plus conſidérable , que les parties de ce corps ont entre
elles une plus forte adhérence , & qu'on leur
applique plus ſubitement la chaleur.

Déphlegmation.

Déphlegmer un corps, c'eſt lui enlever l'eau
ſurabondante qui le tenoit dans un état de
dilution qui, en s'oppoſant au rapprochement
de ſes parties , diminuoit leur action; c'eſt le
concentrer, faire qu'il contienne plus de matière
ſous un petit volume.

Quoique ce terme paroiſſe ſynonyme à celui
de concentration , & que la déphlegmation
& la concentration s'opèrent par les mêmes
procédés , ils ont cependant, en Chimie, des
acceptations différentes : c'eſt ainſi qu'on dit
déphlemer l'eſprit de vin & concentrer un
acide.

Détonation.

Lorſqu'un corps combuſtible s'enflamme
ſubitement & brûle avec beaucoup de viva-
cité, de rapidité, d'éclat, & de bruit, on dit qu'il
détone.

On a un exemple de la détonation dans la
combuſtion du nitre ou ſalpêtre qu'on projette
ſur des charbons ardens , ſur un métal en

fufion, ou fur tout corps embrafé ; & dans celle de la poudre à canon.

Diffolution.

La diffolution eft une opération par le moyen de laquelle un corps paffe de l'état de folide à celui de fluide, par l'union qu'il contracte avec quelque autre corps capable de produire en lui cette altération ; & comme il réfulte toujours de cette union un nouveau compofé, on voit par-là que la *diffolution* n'eft autre chofe que l'acte même de la combinaifon.

On nomme *diffolvant*, celui des deux corps qui, par fa fluidité ou par fon âcreté, paroît actif ; on nomme *diffout*, celui auquel fa folidité & fon défaut de faveur donnent l'apparence d'un corps purement paffif.

Ainfi, par exemple, lorfqu'on fait diffoudre de l'argent dans l'eau-forte, l'argent eft le *corps diffout*, l'eau-forte le *diffolvant*, & le nouveau liquide compofé prend le nom de *diffolution* d'argent.

Les règles de la diffolution qu'il m'importe de faire connoître, pour l'intelligence de la théorie chimique de celles dont j'ai à traiter, fe bornent aux fuivantes.

C iij

La division des corps à diffoudre eft la première règle de cette opération ; elle la facilite à raifon de ce que les corps ainfi divifés, préfentant plus de furfaces à l'action du diffolvant, font attaqués par plus de points à la fois. Cette opération mécanique eft fi néceffaire, que fans elle plufieurs corps, qui fe diffolvent très-bien avec fon fecours, feroient à peine attaqués. On a donc raifon de réduire en lames ou en grenailles, l'or & l'argent qu'on veut diffoudre ; c'eft une opération préliminaire indifpenfable.

La chaleur aide beaucoup à l'action des diffolvans ; il eft donc effentiel d'y expofer les diffolutions : mais cette chaleur doit être modérée, & relative au degré d'activité des acides.

Lorfqu'un acide a diffout tout ce qu'il eft en état de diffoudre du corps qu'on a foumis à fon action, il ceffe d'agir fur lui : on reconnoît ce point, que l'on nomme faturation, à divers fignes certains que j'aurai foin d'indiquer en leur lieu.

La plupart des diffolutions, celles d'or & d'argent, par exemple, font accompagnées d'un phénomène qu'on connoît fous le nom d'effervefcence ; ce phénomène fert beaucoup à les gouverner, mais il n'eſt pas ſuffiſant pour indiquer le point de ſaturation des acides, comme je le dirai à l'article du départ par l'eau-forte.

Si le métal qu'on ſe propoſe de diſſoudre eſt allié à un autre métal, il faut alors que ces métaux ſoient dans une proportion convenable : car ſi, par exemple, dans une maſſe compoſée d'or & d'argent il y avoit trop d'or, ce dernier métal recouvriroit l'argent, & le garantiroit de l'action de l'eau-forte ; en ſorte que le départ ne ſe feroit point, ou ſe feroit très-mal, ainſi que je le dirai en traitant de l'opération du départ, où je donnerai les moyens de procéder en ce cas.

Enfin, l'acte de la diſſolution eſt ſouvent accompagné de chaleur. Ce phénomène, qui naît de la colluſion continue qu'excite la réaction du diſſolvant ſur toute la ſurface du corps à diſſoudre, eſt plus ou moins conſidérable, relativement à la nature de ces corps & à leur maſſe.

Docimaſie.

La Docimaſie eſt l'art d'eſſayer, par des opérations, la nature & la quantité des matières métalliques qu'on peut retirer des minéraux : ainsi, l'essai, le départ, font des opérations docimastiques.

Ductilité.

Ductilité ou malléabilité se dit de celles des substances métalliques qui se laissent étendre par l'action du marteau.

C'est cette propriété qui distingue les métaux proprement dits, des demi-métaux.

Les métaux diffèrent entre eux par leur degré de ductilité : l'or & l'argent font les plus ductiles.

Eau seconde.

L'eau seconde n'est autre chose que de l'eau-forte affoiblie par une grande quantité d'eau.

Les Orfévres appellent eau seconde, la liqueur qu'ils décantent de dessus l'argent précipité par le cuivre dans l'opération du départ. Cette liqueur est bien à la vérité de l'eau-forte étendue d'eau, mais elle est bien différente de l'eau seconde pure ; le cuivre qu'elle contient en change beaucoup les propriétés.

Les Maréchaux employent beaucoup l'eau seconde des Orfévres, comme cathérétique ;

la chaux de cuivre, qu'elle tient en diſſolution, n'eſt probablement pas dangereuſe dans ce cas ; elle aide peut-être même à l'action de l'eau-forte : mais les Orfévres ne ſauroient néanmoins être trop circonſpects dans la vente de cette liqueur.

Eſprit de nitre.

Les noms d'eſprit de nitre & d'acide nitreux ſont ſynonymes en Chimie, ils déſignent l'eſprit acide retiré par la diſtillation du nitre ou ſalpêtre. Quelques épithètes ajoutées à ces noms ſervent à indiquer le degré de leur concentration & le procédé dont on s'eſt ſervi pour les retirer : ainſi, par eſprit de nitre ou acide nitreux fumant, on entend cet acide très-concentré & exhalant des vapeurs ; par eau-forte, on entend un acide nitreux aſſez foible, retiré par l'intermède de l'argile.

Dans le commerce, dans les Arts, ces dénominations n'ont pas préciſément la même acception qu'en Chimie ; elles n'expriment que le degré de concentration de cet acide. L'eſprit de nitre des marchands ne diffère de l'eau-forte, qu'en ce qu'il eſt plus concetré.

Efprit de fel.

C'eft le fynonyme du mot acide marin.

Efprit de Vitriol.

Huile de vitriol.

L'acide vitriolique concentré eft connu dans le commerce fous le nom d'huile de vitriol : on y nomme efprit de vitriol, ce même acide étendu d'eau.

Ecrouiffement.

L'écrouiffement eft une roideur & une dureté que les métaux acquièrent lorfqu'on les bat à froid pendant un certain temps. Un métal écroui eft beaucoup plus élaftique qu'il n'étoit avant : il devient en même temps très-aigre & caffant. L'écrouiffement empêche qu'on ne puiffe étendre à froid, en lames minces, des maffes de métal un peu épaiffes, parce qu'elles fe fendent & fe gercent après avoir reçu un certain nombre de coups de marteau. Les métaux les plus ductiles, tels que l'or & l'argent, ne font pas exempts de s'écrouir.

Recuit.

Mais il eft facile de défécrouir les métaux ; il ne s'agit pour cela que de les faire chauffer jufqu'à rougir ; ce qui s'appelle les recuire : ce recuit leur rend toute leur ductilité.

Fixité.

La fixité est, dans un corps, la propriété qu'il a de résister à l'action du feu, sans s'élever & se dissiper en vapeurs.

Flux.

Cette expression s'employe quelquefois comme synonyme de fusion. On dit, par exemple, qu'un métal est en flux très-liquide ; ce qui est la même chose que si on disoit qu'il est en fusion parfaite.

On donne aussi en général le nom de flux aux matières salines qu'on mêle avec des substances difficiles à fondre, pour en faciliter la fusion. Les alkalis fixes, le nitre, le borax, le tartre, le sel marin, sont les matières salines qui entrent le plus ordinairement dans la composition des flux.

Mais le nom de flux est affecté encore plus particulièrement à des mélanges de différentes proportions de nitre & de tartre.

Fondant.

On nomme fondant toute espèce de substance qui facilite la fusion des autres.

Fonte , Fusibilité , Fusion.

Le terme de *fonte* & celui de *fusion* sont synonymes; ils désignent tous deux l'état d'un corps naturellement solide , & rendu fluide par l'action du feu.

Celui de *fusibilité* exprime la propriété des corps de devenir fluides lorsqu'ils sont exposés à certain degré de chaleur.

Homogène , hétérogène.

Lorsqu'un corps est formé de matière semblable, ou que nous jugeons telle , nous disons qu'il est *homogène*.

Nous le nommons *hétérogène* quand il est composé de matières qui ont des propriétés différentes , ou lorsque ses principes sont mélagés grossièrement & non combinés.

Lut , luter.

On nomme lut une pâte dont on enduit les jointures des vaisseaux, comme, par exemple, l'argile délayée dont on enduit la jointure des creusets dans l'opération de l'affinage.

L'action d'appliquer le lut s'appele *luter*.

Menstrue.

Ce mot est synonyme avec celui de dissolvant.

Mines.

On entend par mine, des corps composés
qui contiennent les métaux alliés avec différentes substances.

Les substances qui se trouvent naturellement combinées avec les métaux dans l'inté-
térieur de la terre, sont singulièrement le soufre
& l'arsenic.

Ces métaux alliés avec ces substances se nomment métaux minéralisés par le soufre, ou
métaux minéralisés par l'arsenic.

Ces matières unies ensemble forment des
masses compactes, pesantes, cassantes, &
souvent pourvues d'un éclat métallique assez
considérable. Ces composés portent le nom de
mine ou de *minérai.*

On donne aussi le nom de *mine* ou celui de
minière aux lieux où les minéraux se trouvent
en grande quantité, & d'où on les retire.

Parties constituantes & intégrantes.

Lorsque nous parlons des parties d'un corps,
même les plus subtiles, nous les désignons

par deux épithètes différentes : les unes font les *parties intégrantes* , c'eft-à-dire, qu'elles ne forment qu'une foudivifion infinie , fi l'on veut, de la maffe entière , mais qui en conferve tous les caractères , qui eft entière par conféquent dans fon petit volume. Le plus petit atôme d'or eft une partie intégrante de la maffe dont il a été détaché.

Au contraire , lorfque nous confidérons féparément des principes différens qui faifoient partie des compofés dont nous faifons ceffer l'union par quelque moyen que ce foit, nous caractérifons alors ces parties par l'expreffion de *conftituantes*.

Tels font les principaux termes que j'ai cru devoir expliquer pour faciliter l'intelligence de la théorie chimique des opérations dont j'ai à rendre compte. Il en eft bien encore quelques-uns , mais que je me contenterai de paffer rapidement en revue en un feul article, vu qu'ils ne demandent pas un explication auffi détaillée que les précédens.

Combinai-
fon.   Quand les parties d'un corps s'uniffent aux parties d'un autre corps, de manière à former un feul & même tout, nous difons qu'il y a *combinaifon*.

Rare, ra-
réfié.   *Rare, raréfié* , font les oppofés de concentré.

Les corps qui se fondent difficilement se *Réfractaires.*
nomment *réfractaires :* on nomme *Apyres* ceux *Apyres.*
qui ne se fondent point du tout au feu ordinaire
de nos fourneaux.

On nomme effervescence le mouvement *Efferves-*
visible qui accompagne beaucoup de dissolu- *cence.*
tions.

Malgré l'attention que j'ai apportée à n'omet-
tre aucun des termes essentiels de l'art, qui,
n'étant connus que de ceux qui s'y appliquent,
ont besoin d'explication ; j'ai pu sans doute
en oublier quelques-uns : je réparerai cette
faute à mesure que je m'en appercevrai, en
commentant ceux qui m'auront échappé.

Pesanteur.

On considère la pesanteur des corps de deux
manières differentes :

Tout corps considéré comme pesant, peut
n'être comparé qu'à lui-même, c'est-à-dire,
à des quantités plus ou moins grandes de
matière de même nature que lui : dans ce
cas, plus il y a de masse ou de quantité, plus
il est pesant. La pesanteur des corps, considérée
sous ce point de vue, est ce qu'on nomme leur
pesanteur absolue; c'est, à proprement parler, leur
poids. C'est dans ce sens qu'une livre de plomb

n'est pas plus pesante qu'une livre de plumes.

On peut considérer un corps comme pesant, en ayant égard non seulement à sa masse ou quantité de matière, mais aussi à l'espace qu'il occupe, à son volume. Alors on trouve une différence très-grande entre tous les corps que la nature nous offre : il y a une différence énorme entre le poids d'un pied cube de plomb & celui d'un pied cube de plumes, entre un pied cube d'or & un pied cube d'étain. Comme ces différences dépendent de l'espèce particulière de chaque corps, la pesanteur appréciée de cette manière se nomme *pesanteur spécifique*. On la nomme aussi *relative*, parce qu'on n'en peut juger qu'en comparant les corps les uns aux autres. Il suit de là, que si deux corps que l'on compare l'un à l'autre sont égaux en volume, ils seront entre eux comme leurs poids réels ou masses ; & que, s'ils sont égaux en masses ou poids réels, ils seront entre eux réciproquement comme leurs volumes.

Il y a plusieurs moyens de pratique assez commodes pour déterminer la pesanteur spécifique des corps, & qui sont fondés sur la relation de leur volume à leur masse, qui consistent ou à les réduire sous des volumes égaux,

égaux, ou à rendre égaux leurs poids réels,
& à comparer ensuite leurs volumes.

La première méthode, qui est très-juste,
très-commode, & la meilleure qu'on puisse
employer pour déterminer la pesanteur spécifique des corps liquides, étoit aussi très-
facile à imaginer. Il ne s'agissoit que de choisir
une substance simple & invariable, ou du
moins qu'on pût toujours avoir facilement dans
sa plus grande pureté, à la pesanteur de
laquelle on pût comparer toutes les autres :
on a trouvé toutes ces conditions dans l'eau
pure. Ainsi, en pesant bien juste une quantité
déterminée, une once, par exemple, d'eau
très-pure dans une fiole, & marquant exactement par un trait le volume qu'occupe cette
once d'eau dans la fiole, il est très-facile de
déterminer le rapport de la pesanteur spécifique de tout autre fluide à celle de cette eau ; il
ne s'agit pour cela que de mettre dans la même
fiole un volume de la liqueur dont on veut
comparer la pesanteur spécifique, égal à celui
qu'occupoit l'once d'eau, c'est-à-dire, d'emplir
cette fiole jusqu'à la hauteur du trait qui le
marque, & de peser ensuite exactement cette
liqueur : si elle se trouve peser juste une once,
elle aura la même pesanteur spécifique que

D

l'eau ; si au contraire elle pèse plus ou moins d'une once, sa pesanteur spécifique sera d'autant plus ou moins grande que celle de l'eau, dans la proportion de ce qu'elle pesera de plus ou de moins que l'once. Si, par exemple, elle pèse deux onces, sa pesanteur spécifique sera déterminée double de celle de l'eau ; si au contraire elle ne pèse qu'une demi-once, elle sera moitié moindre aussi que celle de l'eau.

Cette méthode, très-juste & très-commode pour déterminer la pesanteur spécifique des corps liquides , ne peut pas être employée pour celle des corps solides : il faut beaucoup de main-d'œuvre & d'adresse pour donner à deux corps solides un volume exactement égal ; on peut même dire que l'entière précision est comme impossible à cet égard : ainsi, on est obligé d'avoir recours à une autre méthode pour ces sortes de corps. La méthode qu'on suit ordinairement dans cette détermination , consiste à rendre égaux les poids réels des corps, & à comparer ensuite leur volume par rapport à un pareil volume d'eau, ainsi que nous allons le voir.

Lors donc qu'on veut déterminer la pesanteur spécifique de deux corps solides, on commence par en peser exactement une égale quan-

tité, une once, par exemple, de chacun, sans
avoir égard à leurs volumes; on repèse après
cela chacun de ces corps dans de l'eau très-pure,
par le moyen de la *balance hydrostatique*, & l'on
tient note de la quantité de poids réel que
chacun de ces corps a perdue étant ainsi pesé
dans l'eau : on compare ensuite ces pertes
de poids, & celui qui a fait la moindre perte
surpasse l'autre en pesanteur spécifique,
dans la même proportion que la perte du
poids du dernier surpasse celle du premier.
Si, par exemple, on pèse ainsi l'or dans l'eau,
il perd entre un dix-neuvième & un vingtième
de son poids; d'où il suit qu'à volume égal
il est dix-neuf à vingt fois plus pesant que ce
fluide. Si on pèse de même une once d'or
d'une part, & de l'autre une once d'argent,
le premier perdra, comme nous l'avons vu,
entre un dix-neuvième & un vingtième de son
poids, & le second perdra un onzième : la
pesanteur spécifique de l'argent est donc moindre que celle de l'or dans le rapport de onze
à dix-neuf environ; l'or doit donc contenir
presque le double de matière que l'argent,
sous un volume égal ; aussi un pouce cube
d'or pèse douze onces trois gros soixante-deux
grains, tandis qu'un pouce cube d'argent ne

pèfe que fix onces fix gros vingt-deux grains.

Phlogiflique.

Les Chimiftes défignent par le nom de phlogiftique, le principe inflammable le plus pur & le plus fimple.

Il doit être regardé comme le feu élémentaire combiné & devenu un des principes des corps combuftibles.

Le phlogiftique eft le principe qui conftitue les fubftances métalliques, & les diftingue de tous les autres corps; c'eft à lui que les métaux doivent la ductilité, l'opacité, le brillant métallique, la ténacité, la pefanteur fpécifique qui les caractérifent; c'eft encore à lui qu'ils doivent leur fufibilité & leur diffolubilité par les acides: on peut voir, à ce fujet, ce qui a été dit des chaux métalliques, page 33, & l'article du chapitre quatrième qui traite des propriétés générales des fubftances métalliques.

Régule.

C'eft le nom général des fubftances métalliques féparées d'avec d'autres fubftances par la fufion. Ainfi, le culot d'or qui refte au fond du creufet dans l'opération de la purification de ce métal par l'antimoine, fe nomme régule d'or; celui qui se trouve de même sous les scories du départ sec, porte encore le nom de régule d'or, comme on nomme régule d'argent, le culot de ce métal qu'on obtient dans la purification de l'argent par le nitre.

Scories.

On donne ce nom en général à toutes les matières salines, sulphureuses, ou vitreuses, qu'on trouve au-dessus des culots ou régules, après la fonte des minéraux, ou après leur purification par la fonte.

CHAPITRE II.

Histoire naturelle abrégée de toutes les matières qui sont employées dans les opérations chimiques de l'Orfévrerie.

Acide marin.

L'ACIDE marin, qu'on appelle aussi esprit de sel, esprit de sel commun, est ainsi nommé, parce qu'on le tire ordinairement du sel marin.

L'acide marin a toutes les propriétés générales des acides; celles qui le caractérifent particulièrement font les fuivantes.

Sa pefanteur fpécifique eft plus confidérable que celle de l'eau, mais moindre que celle des acides nitreux & vitriolique. L'acide marin très-concentré & fumant, pefé dans une bouteille qui contient jufte une once d'eau, pèfe une once deux gros & fix grains.

Lorfqu'il eft concentré à un certain point, fa couleur eft citrine; il s'exhale alors perpétuellement en vapeurs blanches, qui ne font vifibles qu'autant qu'elles ont communication avec l'air libre.

Il a une odeur très-marquée, que plufieurs Chimiftes font reffembler à celle du fafran, mais qui au vrai lui eft particulière.

L'acide marin en liqueur, quelque concentré qu'il foit, aidé même de la chaleur la plus forte, ne peut diffoudre ni l'or ni l'argent; il fe combine néanmoins très-bien & très-intimement avec l'argent par deux moyens; le premier, par la voie fèche & par cémentation, comme nous le verrons dans l'opération du départ concentré; le fecond, par la voie humide, & en féparant ce métal de fa diffolution par l'acide nitreux, ainfi que nous le démontrera la formation de la lune cornée.

Cet acide a la propriété de rendre volatils, d'enlever avec lui par sublimation, les
métaux avec lesquels il est uni, & singulièrement ceux avec lesquels il a la plus forte
adhérence. La lune cornée nous fournira
encore un exemple de cette propriété de
l'acide marin.

Enfin, quoique cet acide ne puisse dissoudre l'or dans son état naturel, par aucun
moyen connu, tant qu'il est seul & pur, il
fait très-bien cette dissolution quand il est
mêlé d'acide nitreux ; il forme alors un dissolvant mixte, qu'on nomme *eau régale*, &
dont je parlerai dans ce chapitre.

On trouve l'acide marin dans le commerce
sous plusieurs états, qui tous tiennent à ses
divers degrés de concentration.

Le premier est d'une couleur jaune ardente,
& exhale une très-grande quantité de vapeurs
blanches, lorsqu'on l'expose à l'air, d'où on
le nomme acide marin fumant.

Le second est d'une couleur citrine, &
n'exhale que peu de vapeurs ; c'est celui qui
convient pour faire l'eau régale.

Le troisième est d'autant plus blanc &
exhale d'autant moins de vapeurs qu'il est plus
phlegmatique : celui-ci est absolument trop

D iv

foible pour entrer dans la compofition de l'eau régale , propre à la diffolution de l'or.

Choix de l'acide marin. D'après ce que je viens d'expofer , il eft facile de voir qu'on doit choifir l'acide marin de couleur citrine & médiocrement fumant.

Cet acide , comme nous le verrons , uni à l'alkali minéral , forme le fel marin ; avec l'alkali volatil , il forme le fel ammoniac ; le fublimé corrofif avec le mercure ; la lune cornée avec l'argent.

Il diffout auffi très-bien l'étain , le fer , & le cuivre.

Je n'entrerai pas dans un plus grand détail fur les propriétés de l'acide marin , celles que j'ai expofées étant les feules qu'il importe de connoître pour l'intelligence de ce Traité.

Acide nitreux.

L'acide nitreux tire fon nom du nitre , duquel on le retire par la diftillation.

Aux propriétés générales des acides , l'acide nitreux en joint beaucoup d'autres qui le caractérifent.

Lorfqu'il eft bien concentré , il a une couleur d'un jaune rouge ardent , s'exhale perpétuellement en vapeurs de même couleur , vifibles même dans un flacon bien bouché ; ce

qui a fait ajouter à son nom l'épithète de
fumant.

Sa pesanteur spécifique est plus considérable
que celle de l'acide marin ; une fiole qui contient juste une once d'eau, contient une once &
demie & quarante-huit grains d'acide nitreux
concentré.

Il a une odeur & une saveur très-marquées,
qui lui sont particulières.

Appliqué sur la peau, il y fait des taches
jaunes qui ne s'en vont qu'avec l'épi-
derme.

Il se combine avec le phlogistique avec
une impétuosité sans égale, le brûle, le détruit, se décompose lui-même en un instant
avec une détonation, une explosion des plus
considérables : c'est à cette propriété de l'acide
nitreux que le nitre doit celle d'affiner l'argent,
en détruisant le phlogistique des substances
métalliques qui altèrent la pureté de ce métal,
comme nous le verrons lorsque nous traiterons
de l'affinage de l'argent par le nitre.

L'acide nitreux dissout l'argent avec facilité ; & comme il n'a aucune action sur l'or,
on s'en sert pour séparer ces deux métaux
par l'opération du départ.

Enfin, l'acide nitreux, combiné avec l'alkali

fixe végétal, forme le nitre ou salpêtre.

L'acide nitreux qu'on employe dans les Arts n'eſt pas auſſi concentré que celui que je viens de décrire, dont il a d'ailleurs toutes les autres propriétés : on le connoît dans le commerce ſous deux noms qui déſignent ſes différens degrés de force ; ſavoir, celui d'eſprit de nitre, par lequel on entend l'acide ni-treux le plus actif après le fumant, & le nom d'eau-forte, qui déſigne l'acide nitreux le plus foible.

Non ſeulement les différentes eſpèces d'a-cide nitreux diffèrent entre elles par leur force, mais elles diffèrent encore eſſentiellement par leur pureté : l'uſage a encore conſacré le nom d'eſprit de nitre pour déſigner le plus pur, & celui d'eau-forte pour le plus commun.

Choix de l'acide ni-treux.   Je remets à entrer dans de plus grands dé-tails à ce ſujet, dans l'article qui traitera de l'eau-forte, où je donnerai auſſi les ſignes auxquels on peut s'aſſurer de la pureté de l'a-cide nitreux.

On voit par les propriétés de l'acide ni-treux, qu'il diffère de l'acide marin ;

1°. Par ſa couleur, qui eſt d'un jaune rouge ardent.

2°. Par ses vapeurs, qui sont de la même couleur & visibles dans les vaisseaux fermés ; au lieu que celles de l'acide marin ne le sont qu'autant qu'elles ont une communication libre avec l'air.

3°. Par une pesanteur spécifique plus considérable.

4°. Enfin, par la propriété de dissoudre l'argent, auquel l'autre ne touche pas.

Acide vitriolique.

Quoique cet acide n'entre dans aucune des opérations de l'Orfévrerie (1), cependant, comme il a de l'action sur l'argent, & qu'il joue d'ailleurs un assez grand rôle dans l'explication de plusieurs points de théorie, j'ai cru ne pouvoir me dispenser d'en traiter ; mais je le ferai le plus succinctement possible.

Cet acide doit son nom au vitriol, attendu qu'on le retiroit autrefois de ce sel ; aujourd'hui qu'on le retire du soufre, il n'en a pas moins conservé son ancienne dénomination.

Lorsqu'il est bien concentré, sa pesanteur spécifique est double de celle de l'eau. Une

---

(1) Depuis quelque temps on a substitué l'acide vitriolique à l'eau-forte dans le blanchiment de l'argent.

fiole contenant une once d'eau, contient deux onces d'acide vitriolique concentré.

Il n'a ni odeur ni couleur, & n'exhale point de vapeurs.

Sa faveur est violemment aigre, piquante, approchante de celle du verjus, de l'o-feille, &c.

Il s'unit à l'eau avec une chaleur très-forte.

Huile de vitriol. Il a moins de fluidité que l'eau, il file presque comme l'huile; si on en manie une goutte entre les doigts, il paroît gras au tou-cher : ces deux propriétés lui ont fait donner, par les anciens Chimistes, le nom d'huile; & quoique ce nom soit très-impropre, on ne le connoît encore aujourd'hui, dans le commerce & dans les Arts, que sous le nom d'huile de vitriol.

Il attire puissamment l'humidité de l'air.

Il se combine facilement avec le phlogis-tique; les huiles, la paille, la poussière même répandue dans l'atmosphère, suffisent pour le phlogistiquer : il prend alors une couleur plus ou moins brune.

Ces deux dernières propriétés obligent à le tenir toujours bien bouché, si on veut le conserver dans son plus grand état de con-centration & de pureté.

Quoiqu'on n'ait pas coutume d'employer cet acide à la diſſolution de l'argent, cependant ſi on le chauffe bien fort ſur de la limaille de ce métal, il la diſſout, & en forme un vitriol d'argent qui criſtalliſe.

Le ſimple énoncé des propriétés de l'acide vitriolique, ſuffit pour faire appercevoir ſa différence d'avec les acides marin & nitreux.

On doit choiſir l'huile de vitriol très-blanche, ſans odeur, & peſant le double de l'eau ; elle eſt d'autant plus impure, qu'elle s'éloigne plus de ces qualités.

Choix de l'acide vitriolique.

Alun.

L'alun eſt un ſel neutre très-blanc, brillant, & tranſparent, d'une ſaveur acerbe & aſtringente, ſemblable à peu près à celle des fruits verts.

Expoſé au feu, il ſe liquéfie d'abord, ſe bourſouffle enſuite, augmente conſidérablement de volume, & forme une maſſe rare, légère, d'un blanc mat, & que l'action du feu ne fait point entrer en fuſion.

Il ſe diſſout dans l'eau aſſez facilement & en fort grande quantité, & cette ſolution rougit les couleurs bleues des végétaux, & notamment le ſirop de violettes.

On connoît dans le commerce deux fortes d'alun ; l'un qui nous vient d'Angleterre en très-groffes maffes , brillantes & tranfparentes , qu'on nomme alun de glace, à caufe de fon brillant , & alun de roche , à caufe de la groffeur de fes maffes.

Alun de roche ou de glace.

Le fecond, qui nous vient d'Italie, s'appelle alun de Rome. Ce dernier eft en criftaux de moyennes groffeurs ; il eft un peu moins tranfparent que le précédent, & recouvert d'une poudre rougeâtre.

Alun de Rome.

Ces deux efpèces d'alun font indifférentes pour les ufages auxquels les Orfévres les employent.

Choix de l'alun.

Borax.

Le borax a, au coup-d'œil, affez de reffemblance avec l'alun.

Sa faveur eft un peu amère & fraîche.

Expofé à l'air, il devient légèrement farineux & terne.

Expofé au feu, il fe liquéfie d'abord, il fe bourfouffle enfuite, & finit par entrer en fufion.

L'eau le diffout difficilement & en petite quantité.

Enfin fa folution dans l'eau verdit le firop de violettes.

C'eſt la reſſemblance extérieure du borax En quoi le borax diffère de l'alun. avec l'alun, qui m'a engagé à entrer dans le détail de tous les caractères qui peuvent ſervir à reconnoître ce ſel : pour ne laiſſer aucun lieu à l'équivoque, je vais les mettre en oppoſition avec ceux de l'alun qui ont avec eux quelque analogie, ou qui en diferent d'une manière frapante.

La tranſparence du borax lui donne avec l'alun une reſſemblance très-marquée; mais lorſqu'on examine de près ces deux ſels, on obſerve que l'alun eſt plus brillant, plus net, d'une plus belle eau que le borax, qui eſt toujours plus ou moins terne, en comparaiſon de ce ſel. Ce dernier d'ailleurs eſt toujours farineux à ſa ſurface.

L'alun préſente d'abord au feu les mêmes phénomènes que le borax : comme lui, il commence par ſe liquefier, & ſe bourſouffle enſuite; mais il n'entre point en fuſion.

Ce ſecond caractère ſuffiroit pour faire diſtinguer ces deux ſels avec certitude; mais les ſuivans vont tracer entre eux une ligne de ſéparation beaucoup plus facile à ſaiſir encore, & qui ne permet point de les confondre.

Au lieu d'être fraîche & amère comme celle du borax, la faveur de l'alun est acerbe & astringente; à peu près comme celle, par exemple, des prunelles, des nèfles qui ne sont point encore parvenues à leur maturité, de beaucoup de fruits verts.

L'alun se dissout dans l'eau en bien plus grande quantité que le borax.

Enfin, & ce caractère suffiroit pour les distinguer même très-promptement, la solution de l'alun dans l'eau rougit le sirop de violettes, au lieu de le verdir comme le fait celle du borax.

Le borax possède éminemment la propriété de faciliter la fusion des métaux; c'est pourquoi les Orfévres l'employent pour accélérer celle de la soudure.

On l'employe aussi dans certains cas pour adoucir l'or, & lui rendre sa malléabilité lorsqu'il l'a perdue par quelque accident comme j'aurai occasion de le dire.

Quoiqu'on employe le borax depuis long-temps, on ignore encore absolument son histoire naturelle. Selon l'opinion répandue par les voyageurs, ce sel se trouve dans les mine mines d'or & d'argent de l'Inde & de la Tartarie ; mais, selon plusieurs Auteurs, c'est un produit de l'art.

Le borax nous est apporté des Indes, & sur-tout de Ceylan, par les Anglois & les Hollandois : il en vient de deux sortes, dont l'une est grasse & rougeâtre, l'autre, grise & verdâtre.

On purifie en Europe ce borax brut ; les Vénitiens le raffinèrent les premiers, d'où il a pris le nom de borax de Venise, qu'il conserve encore, quoique depuis long-temps les Hollandois se soient emparés presque totalement de cette raffinerie. Enfin, MM. Léguillier frères, marchands Epiciers-Droguistes, rue des Lombards, ont établi chez eux une raffinerie de ce sel, de laquelle il sort du borax tout aussi beau que celui de Hollande.

On doit choisir le borax bien net, bien blanc, & bien transparent.

Choix du borax.

Cendre gravelée.

La cendre gravelée est un sel alkali qu'on prépare en grand dans les pays de vignobles, en faisant brûler des sarmens avec des lies de vin desséchées. Lorsque ces matières sont brûlées, on les calcine à un degré de feu capable de faire fondre le sel, mais qui n'est pas assez fort pour vitrifier la terre des cendres.

Ce sel alkali est assez pur, exempt de tout mélange de sel étranger : il ne diffère du sel de tartre, qui est l'alkali le plus pur, qu'en ce qu'il contient beaucoup plus de terre, que lui ont fournie les sarmens ; mais si on le purifie, alors il est absolument semblable à ce sel.

Choix de la cendre gravelée. La cendre gravelée, lorsqu'elle est pure, est d'une couleur blanche sale & tirant sur le gris, d'un goût âcre de lessive ; elle attire puissamment l'humidité de l'air, & se résout en liqueur.

Quant à ses qualités alkalines, il faut consulter l'article qui traite des alkalis en général, à la page 23ᵉ.

Crême de tartre.

Le sel connu dans le commerce & dans les Arts sous le nom de crême de tartre, n'est autre chose que le tartre purifié ; c'est pourquoi je renvoye au mot tartre pour ses propriétés & son usage dans nos opérations.

Eau-forte.

J'ai dit à l'article acide nitreux, que cet acide prenoit différens noms, selon qu'il est plus ou moins concentré, & qu'on donnoit le nom d'eau-forte à celui qui est le plus foible : cette dénomination désigne aussi, comme je l'ai observé, celui qui est le moins pur : en Chimie, le nom d'eau-forte paroît consacré à l'acide nitreux obtenu par l'intermède de l'argile.

Pour bien entendre ces distinctions, il faut savoir qu'on décompose le nitre, pour en obtenir l'acide nitreux, par trois intermèdes différens, & par autant de procédés.

Le premier intermède qu'on employe à cette décomposition du nitre, est l'acide vitriolique pur & concentré, l'huile de vitriol : ce procédé, qui est dû à Glaubert, célèbre Chimiste, porte le nom de son Auteur, & l'acide nitreux qu'il produit, qui est très-concentré & fumant, se nomme acide nitreux fumant.

Le second procédé, plus ancien que le précédent, consiste à employer pour intermède le vitriol vert, mais dans différens états. Lorsqu'on employe ce vitriol calciné juſqu'au rouge, l'acide nitreux qu'on obtient eſt fumant, plus fumant même & plus ruti-lant que celui que donne le procédé de Glaubert.

Si au lieu de pouſſer la calcination du vitriol juſqu'au rouge, on ſe contente de priver ce ſel de ſon eau de criſtalliſation, ce qui s'appele le calciner en blancheur, l'acide nitreux qu'on obtient alors en em-ployant ce vitriol comme intermède pour la décompoſition du nitre, eſt flegmatique, ſans couleur, n'exhalant point ou très-peu de vapeurs.

C'eſt par ce procédé qu'on fait l'eau-forte dans pluſieurs provinces, & notamment en Flandre; c'eſt ainſi qu'on l'a fabriquée pendant long-temps à Amiens & à Beauvais.

Le troiſième procédé conſiſte à décom-poſer le nitre par l'intermède de la terre argi-leuſe. L'acide nitreux qu'on obtient par ce procédé ne peut jamais être amené au degré de concentration de celui qu'on obtient par les deux autres; tout ce qu'on peut faire, c'eſt de l'obtenir légèrement fumant, mais jamais aſſez concentré pour être coloré : il eſt toujours incolore.

Mais ſi l'argile ne jouit pas de l'avantage de

nous procurer un acide nitreux aussi concentré que celui que nous retirons par l'intermède du vitriol ou de son acide, elle en
a un autre bien supérieur, celui de ne lui
rien communiquer d'étranger. L'acide nitreux,
dégagé par l'intermède de l'argile, est le plus
pur possible ; il ne contient aucun autre
acide, aucun principe étranger, lorsqu'on a
employé à sa préparation du nitre très-pur.

C'est par l'intermède de l'argile que les
Distillateurs de Paris, & la majeure partie de
ceux de province décomposent le nitre &
préparent presque tout ce qui se vend dans
le commerce sous les noms d'esprit de nitre
& d'eau-forte ; la mauvaise qualité de l'eau-
forte faite par l'intermède du vitriol vert,
a fait abandonner presque universellement ce
procédé ; il n'est plus guère employé en
grand que par quelques ouvriers qui n'en
connoissent pas d'autre.

Si les Distillateurs employoient le nitre le
plus pur, celui de trois cuites, leur eau-forte,
dès qu'elle seroit suffisamment concentrée ,
seroit toujours propre au départ ; mais ils sont
dans l'usage de se servir du nitre brut, du
nitre de première cuite ; une eau-forte faite
ainsi, qui est une espèce d'eau régale, à raison

de la grande quantité de fel marin que contient le nitre brut, eft peu propre à cette opération ; fouvent même elle eft fi chargée d'acide marin, qu'elle n'attaque pas l'argent ; enfin, dans quelques cas elle diffout l'or. J'entrerai dans de plus grands détails à ce fujet en traitant du départ.

Au refte, il ne faut pas croire que ce foit par avarice ou par ignorance que les Diftillateurs employent le nitre brut ; l'eau-forte qu'ils fabriquent n'a pas généralement befoin d'un degré de pureté abfolu : au contraire, le mélange d'un peu d'acide marin, loin de lui nuire, ne peut, dans bien des cas, que lui être avantageux. Les Teinturiers font, de tous les Artiftes, ceux qui emploient une plus grande quantité d'eau-forte ; cet acide leur fert à diffoudre l'étain, pour donner le ton à la belle couleur connue fous le nom d'écarlate ; mais il ne peut faire une bonne diffolution de ce métal, qu'autant qu'il a été régalifé par l'addition de l'acide marin, foit pur, foit engagé dans une bafe (c'eft le fel ammoniac qui fert ordinairement à la régalifer dans cette circonftance) : on fent donc qu'un peu d'acide marin, loin de nuire au fuccès de l'opération, ne fait qu'y aider. Il

feroit donc abfolument furperflu d'employer
dans la diftillation de l'eau-forte deftinée à
cet ufage, le nitre de trois cuites; il ne feroit qu'en augmenter le prix très-inutilement.
Il en eft à peu près de même de la gravure;
l'eau-forte chargée d'un peu d'acide marin
y eft beaucoup plus propre que l'acide nitreux
pur, en ce que fon action fur le cuivre étant
moins vive, l'artifte eft plus maître de la diriger à fon gré : cette eau-forte enfin, au départ près, eft très-propre à la plus grande
partie des opérations des Arts; les Orfévres
peuvent même l'employer au blanchiment de
l'argent, tout auffi bien que l'acide nitreux le
plus pur.

Si toutes les eaux-fortes du commerce font
fabriquées par l'intermède de l'argile & avec
du nitre brut, comment fe peut-il faire, me
dira-t-on, que les unes puiffent fervir au
départ, tandis qu'avec certaines autres cette
opération ou ne réuffit pas, ou fe fait très-
mal? Ceci tient à deux caufes principales
que je vais expliquer.

La première eft que quelques Diftillateurs
font dans l'ufage d'arrofer leur argile avec
de l'eau mère de falpêtre; ils ont remarqué
qu'ils retiroient alors une plus grande quan-

tité d'eau-forte ; mais l'eau mère du salpêtre ne contient presque pas de nitre, ce n'est presque que du sel marin à base terreuse : ainsi, si cette addition ne nuit pas à la force de l'acide que produit l'opération, elle altère au moins beaucoup sa pureté, en y introduisant une notable quantité d'acide marin : & malheur à l'Orfévre qui tombe à de pareille eau-forte pour faire son départ !.

La seconde tient à la conduite de l'opération : on peut, avec du nitre brut, obtenir de l'eau-forte presque exempte du mélange de l'acide marin, de l'esprit de nitre presque pur ; & c'est ce qui arrive quelquefois aux Distillateurs, sans qu'ils s'en doutent.

J'ai fabriqué de l'eau-forte pendant six ans ; ma galère étoit toujours entretenue par les Teinturiers ; j'employois par conséquent le nitre brut, comme tous les Distillateurs. Lorsque j'avois besoin d'eau-forte pour le départ, je plaçois dans le milieu de ma galère six ou huit cornues (selon la quantité que je voulois me procurer d'acide nitreux pur) chargées de nitre de trois cuites ; mais il est arrivé plusieurs fois qu'on m'a demandé de l'eau-forte de départ, lorsque, ma galère étant couverte, il n'étoit plus possible d'y rien déranger ; il eût fallu alors attendre deux jours : dans ce cas, au lieu d'abandonner la conduite de l'opération à mon ouvrier, je la gouvernois moi-même à ma manière ; j'obtenois de l'acide nitreux presque aussi exempt du mélange d'acide marin, que celui que me fournissoit le nitre pur, & très-propre au départ.

On reconnoît que l'eau-forte contient de l'acide marin ;

1°. A sa couleur, qui est d'autant plus citrine, qu'elle contient plus de cet acide : l'eau-forte pure n'a pas plus de couleur que l'eau.

2°. En y versant quelques gouttes de dissolution d'argent, si l'acide nitreux est pur, cette dissolution ne lui apportera aucun changement ; mais s'il est mêlé d'acide marin, alors on verra s'y former une espèce de caillé blanc, qui se déposera avec lenteur, & qui sera d'autant plus abondant, que l'acide marin sera mêlé en plus grande quantité à l'acide nitreux.

La bonne eau-forte doit fumer légèrement lorsqu'on débouche la bouteille qui la contient, & n'avoir point de couleur.

Choix de l'eau-forte.

D'après ces observations, on sent que la bonne eau-forte pour le départ doit être sans couleur, & légèrement fumante.

Eau régale.

Aucun des trois acides minéraux dont nous venons de traiter n'a d'action fur l'or; ce métal ne peut être diffout que par le mélange de l'acide marin & de l'acide nitreux, & ce diffolvant mixte porte le nom d'eau régale, parce qu'il diffout l'or, que les Alchimiftes regardent comme le roi des métaux.

Il y a différentes manières de préparer l'eau régale : on peut, ou mêler enfemble une partie d'acide marin & deux parties d'acide ni-treux,

Ou diftiller enfemble une partie de fel marin avec deux parties d'acide nitreux,

Ou diffoudre fimplement le fel marin dans l'acide nitreux,

Ou enfin diffoudre une partie de fel am-moniac dans quatre parties d'acide nitreux ou eau-forte.

Cette dernière méthode de compofer l'eau régale eft la plus ufitée ; elle a cependant des inconvéniens que n'a pas la première, qui de plus l'emporte fur elle dans quelques cas, comme j'aurai occafion de le faire remar-quer.

Fleurs de soufre.

La fleur de soufre n'est autre chose que du soufre qui s'est sublimé, par l'action du feu, en petits cristaux aiguillés.

Voyez ci-après le mot soufre.

Huile de Vitriol.

C'est, comme je l'ai dit plus haut, le nom que porte, dans le commerce, l'acide vitriolique concentré.

Voyez ci-devant le mot acide vitriolique.

Nitre.

Le nitre, plus connu sous le nom de salpêtre, est un sel neutre composé d'acide nitreux & d'alkali fixe végétal.

Ce sel a une saveur un peu fraîche, suivie d'un arrière-goût qui n'est point agréable.

Exposé à l'air, le nitre n'y éprouve aucune altération, il n'en attire point l'humidité, il n'y tombe point en efflorescence.

Il se fond bien avant de rougir, & reste en fonte tranquille sans se boursoufler.

Lorsqu'on le tient en fusion à un degré de chaleur modéré, de manière qu'il n'ait point

de contact avec aucune matière inflammable,
ni même avec la flamme, il y reste sans
éprouver d'altération bien sensible; si on le
laisse refroidir & figer, il se coagule en masse
solide sonante, demi transparente, & qui conserve toutes les propriétés du nitre.

Mais si on le tient dans un grand feu, il
se décompose & s'alkalise, parce qu'alors
la flamme ou le phlogistique embrâsé le pénètre en passant même à travers le creuset,
& dégage ou plutôt détruit son acide.

Cette décomposition du nitre est bien plus
prompte & bien plus complète, si, lorsqu'il
est dans l'état d'incandescence, on y projette
un corps combustible quelconque : alors son
acide fait brûler, & brûle avec lui le phlogistique de ce corps ; & cette combustion
réciproque se fait avec ou sans détonation
sensible, suivant l'état, la quantité, & le mélange plus ou moins intime des matières inflammables; car il est bon de remarquer que
la décomposition du nitre a toujours lieu,
soit qu'on projette une matière combustible sur
le nitre en ignition, soit qu'on projette ce
sel sur un corps inflammable dans le même
état, soit qu'après les avoir mêlés on les mette
en contact avec le feu en action : on a un

exemple familier de cette troifième condition dans la détonation de la poudre à canon.

On ne connoît pas encore l'origine du nitre ; tout ce qu'on fait, c'eft que beaucoup de plantes en contiennent, & qu'on le trouve très-abondamment dans les matériaux des vieux bâtimens, & fur-tout dans ceux qui ont été imprégnés pendant long-temps des humeurs excrémentitielles des animaux, dans les latrines, dans les murailles expofées à recevoir les urines, dans les écuries, les étables, les bergeries, &c.

Origine du nitre.

Le nitre qu'on trouve ainfi n'eft pas par-fait, ni pur à beaucoup près ; il contient une grande quantité de fel marin, & eft à bafe de terre abforbante : dans cet état il eft déliquefcent ; il s'agit donc de lui donner une bafe alkaline, & de le purifier de l'al-liage du fel marin : les Salpêtriers qui le re-tirent des plâtras & autres matériaux qui le fourniffent, font la première opération, & la feconde s'exécute dans les ateliers du Roi, & notamment, quant à Paris, à l'Ar-fénal.

Je pafferai fous filence le détail de ces opérations, qui eft étranger à mon Traité ; j'obferverai feulement qu'on trouve dans les magaſins du Roi le nitre ſous trois états.

Nitre brut.　Le premier eſt le nitre brut, connu auſſi ſous le nom de nitre de première cuite : celui-ci eſt tel qu'il ſort des mains du Salpêtrier. C'eſt un mélange de nitre parfait, de ſel marin à baſe d'alkali fixe végétal, ou ſel fébrifuge de *Sylvius*, de nitre & de ſel marin à baſe terreuſe. Ce ſel eſt roux, en petits criſtaux qui ne font point maſſe, & attire l'humidité de l'air : c'eſt, comme je l'ai dit, celui qu'employoient les Diſtillateurs d'eau-forte.

Nitre de ſe-
conde cuite.　Le ſecond, qui porte le nom de nitre de ſeconde cuite, eſt plus blanc que le premier, en maſſes plus conſidérables ; il contient un peu moins de ſel marin, peu ou preſque point de ſel fébrifuge de Sylvius, encore moins de ſels à baſe terreuſe ; il attire encore un peu l'humidité de l'air, mais moins que le premier.

Nitre de
trois cuites.　Le troiſième enfin, le nitre de trois cuites, eſt d'un blanc parfait, en maſſes ſolides, n'attire pas l'humidité de l'air, ne contient plus de nitre ni de ſel marin à baſe terreuſe, plus de ſel fébrifuge de Sylvius, preſque plus, ſouvent même plus du tout de ſel marin. C'eſt du nitre auſſi pur qu'on ait beſoin de l'avoir pour la plupart des opérations dans lesquelles on le fait entrer, & particulière-ment pour celles de l'Orfévrerie.

Je ferai voir, en traitant de l'affinage de l'argent par le nitre, de quelle importance il est pour les Orfévres de ne jamais employer que ce dernier.

Choix du nitre.

Potasse.

La potasse est un sel alkali qu'on prépare en grand, de différentes manières, dans plusieurs contrées, & principalement dans la Lorraine & plusieurs parties de l'Allemagne.

La manière la plus usitée de préparer la potasse, celle qui en produit le plus, consiste à faire brûler une grande quantité de bois, à extraire le sel de la cendre qu'il fournit après sa combustion, à le dessécher, & à le calciner dans des fours, en prenant garde de ne le point faire entrer en fusion.

La potasse est mêlée ordinairement de différens sels neutres, & principalement de sel marin ; on trouve des potasses qui en contiennent une si grande quantité, qu'il semble y avoir été mis exprès pour en augmenter le poids.

La potasse dont le goût est le plus âcre & *Choix de la potasse.*

urineux, qui tient moins de celui du sel marin, & qui attire plus promptement l'humidité de l'air, est celle qu'on doit choisir : la couleur de la bonne potasse est ordinairement bleuâtre, la moindre tire un peu sur le rouge ; elle doit cette couleur au sel marin qu'elle contient en grande quantité.

Salpêtre.

Ce mot est synonyme avec celui de nitre.

Le mot salpêtre est néanmoins plus particulièrement affecté au nitre brut : il seroit à désirer qu'on le consacrât uniquement à désigner cet état du nitre.

Sel ammoniac.

Le sel ammoniac est un sel neutre formé de la combinaison de l'acide marin avec l'alkali volatil.

On trouve du sel ammoniac tout formé dans les volcans ou dans leur voisinage : on le nomme sel ammoniac natif ou naturel ; mais il est en trop petite quantité pour fournir aux besoins des Arts : celui qui est dans le commerce est fait en grand dans les manufactures.

L'Egypte

L'Egypte a été, jusqu'à ces derniers temps, en poſſeſſion de nous fournir tout le ſel ammoniac qui s'employe par nos différens artiſtes ; mais M. Baumé a établi une manufacture qui donne du ſel ammoniac auſſi parfait & plus beau que celui qui nous vient d'Egypte ; il y a tout lieu d'eſpérer que ſon exemple ne tardera pas à être ſuivi, & que nous touchons au moment où nous ne ſerons plus tributaires des Egyptiens pour cette marchandiſe.

Les Orfévres n'emploient le ſel ammoniac que pour compoſer l'eau régale, en le mêlant avec l'acide nitreux, comme je l'ai dit au mot eau régale.

On doit le choiſir très-blanc & très-net.

Choix du ſel ammoniac.

Sel de tartre.

C'eſt le nom que porte, dans le commerce & dans les Arts, l'alkali fixe qu'on obtient par la combuſtion du tartre.

Cet alkali eſt, comme je l'ai déjà dit, le plus pur de ceux qu'on trouve dans le commerce, comme la potaſſe eſt le plus impur.

Choix du ſel de tartre.

On doit choiſir le ſel de tartre très-blanc, d'un goût âcre urineux très-marqué ; il doit s'humecter très-promptement à l'air, & lorſqu'on l'y laisse tomber tout à fait en déli-quium, il doit se résoudre presque totale-ment en liqueur, & ne laisser que très-peu de résidu.

Soufre.

Le soufre est une substance très-connue, d'une couleur citrine, d'une odeur désa-gréable; il est cassant, & se réduit facilement en poudre.

L'action séparée ou combinée de l'air & de l'eau ne lui cause aucune altération ; il n'en reçoit pas même de celle du feu dans les vaisseaux clos : si on l'y expose dans un appareil convenable, il se fond d'abord à une chaleur assez douce, & se sublime au chapi-teau, en petits cristaux aiguillés, qu'on nomme *fleurs de soufre.*

Exposé à l'action du feu à l'air libre, il s'enflamme & brûle avec une flamme bleuâtre, peu lumineuse, sans suie ni fumée; il exhale en même temps une vapeur acide, d'une odeur très-pénétrante & irritante au point de suffoquer.

Le soufre est composé d'acide vitriolique & de phlogistique.

Il est insoluble dans l'eau, & soluble dans les huiles.

Les acides libres femblent n'avoir que peu d'action fur lui.

Les alkalis fixes, les alkalis volatils, & la chaux le diffolvent, le rendent plus ou moins foluble dans l'eau, & forment avec lui des compofés qu'on nomme *foie de foufre*, à caufe de la reffemblance de leur couleur avec celle du foie.

Le foie de foufre eft un grand diffolvant de l'or, comme je le dirai en traitant de ce métal, tandis que le foufre pur n'a fur lui aucune forte d'action.

Le foufre s'unit par la fufion à l'argent & à prefque toutes les fubftances métalliques ; c'eft fur ces propriétés du foufre que font fondés la purification de l'or par l'antimoine & le départ fec. (*Voyez ces mots.*)

Il n'y a point de foufre pur primitivement dans la nature ; on le trouve quelquefois, foit criftallifé à la furface de la terre, foit dans fes entrailles, & on l'en retire par l'action du feu : mais il eft toujours alors l'ouvrage des volcans ; c'eft toujours dans leur voifinage qu'on le trouve en abondance ; il coule dans l'embrâfement, & vient brûler à l'air libre, comme dans la foufrière de la Guadeloupe, qui brûle encore ; ou il se coagule quand il se trouve dans un lieu moins chaud.

On retire encore le soufre, par la violence du feu, de certaines substances minérales, telles que les pyrites martiales & cuivreuses, la plupart des mines, & sur-tout celles de Cobalt.

Choix du soufre. On trouve le soufre dans le commerce sous trois états différens ; le premier & le plus impur est celui qui porte le nom de *soufre vif* ; c'est un mélange de soufre, de terre, & de substances métalliques ; le second est connu sous le nom de *soufre en canons*, nom qu'il doit à sa forme ; le troisième est la *fleur de soufre*, qui mérite sans contredit la préférence sur les deux autres, toutes les fois qu'il s'agit d'opérations délicates, & dans lesquelles il faut employer le soufre pur.

Tartre.

Sel concret, huileux, & végétal, qui se sépare du vin par dépôt & cristallisation.

On connoît de deux sortes de tartre, le rouge & le blanc ; mais on les employe indifféremment.

Vitriol.

En Chimie, tout sel résultant de la combinaison de l'acide vitriolique avec une base quelconque, porte le nom de vitriol.

Mais dans le commerce, ce nom ne désigne que trois espèces de sels; savoir, le vitriol blanc ou de goslard, formé de l'union du zinc à l'acide vitriolique; le vitriol bleu, ou de Chypre, composé de cet acide uni au cuivre; & le vitriol vert, résultant de la combinaison du fer avec le même acide.

Ces trois vitriols portent aussi le nom de couperose.

Ce sont là les principales substances naturelles, & les principaux composés qui entrent, soit comme fondans, soit comme purifians, soit comme dissolvans, soit enfin comme précipitans, dans les opérations dont je me propose d'établir la théorie. J'ai pensé qu'il étoit nécessaire d'en traiter ainsi dans un chapitre séparé; par ce moyen j'évite d'interrompre l'explication d'un phénomène souvent important, pour donner celle d'un terme, pour définir un agent inconnu à ceux pour qui j'ai entrepris ce travail. Cette marche m'a fourni en outre le double avantage de traiter de chacun d'eux avec plus d'étendue que je ne l'aurois pu faire autrement; & je me flatte que ce que j'en ai dit suffira pour donner une idée nette de leurs propriétés.

CHAPITRE III.

Des fourneaux, creusets, coupelles, & autres instrumens nécessaires aux opérations chimiques de l'Orfévrerie.

SECTION PREMIÈRE.

Théorie générale des fourneaux.

LES fourneaux font des instrumens qui servent à contenir le feu, c'est-à-dire, les matières dont la combustion doit procurer les degrés de chaleur nécessaires pour les différentes opérations, ainsi que les substances mêmes auxquelles la chaleur doit être appliquée.

Comme les Chimistes ont besoin de tous les degrés de chaleur possibles, & que la structure des fourneaux contribue infiniment à produire les différens degrés de chaleur, ils ont imaginé une infinité de fourneaux de forme & de construction différentes; mais tous ces fourneaux peuvent fe rapporter à un petit nombre de difpofitions générales , dont je parlerai après avoir pofé les règles théoriques de leur conftruction.

Le principal but qu'on fe propofe en conf-truifant un fourneau , c'eft qu'il produife le plus grand degré de chaleur, avec le moins de matière combuftible poffible , & fans le fecours des fouflflets. Or il faut pour cela que fa ftructure foit telle, qu'il fe forme un courant d'air déterminé à traverfer perpétuelle-ment le foyer ; & plus ce courant d'air fera fort & rapide, plus auffi la chaleur fera con-fidérable dans l'intérieur du fourneau.

Le grand moyen pour produire cet effet, c'eft de ménager dans la partie fupérieure du fourneau, un efpace fermé de tous côtés , excepté par en haut & par en bas, parce que l'air contenu dans cette cavité étant raréfié & chaffé par la chaleur que produifent les matières qui brûlent dans le fourneau, il fe forme dans cet endroit un vide que l'air exté-rieur tend néceffairement à occuper, en vertu de fa pefanteur.

Le fourneau doit donc être difpofé de ma-nière que l'air extérieur foit forcé d'entrer par le cendrier, & de traverfer le foyer, pour

aller remplir le vide qui fe forme continuellement, tant dans l'intérieur du fourneau, que
dans fa cavité fupérieure.

On augmentera encore beaucoup l'activité
du feu, fi le fourneau fe rétrécit par le haut,
& dégénère en un tuyau d'un moindre diamètre; alors l'air raréfié fe trouve forcé d'accélérer confidérablement fon cours, en paffant
par cet efpace plus étroit, & furmonte avec
beaucoup d'avantage la preffion de l'air fupérieur : il fuit de là, que l'air qui s'introduit
par la partie inférieure du fourneau, pour
remplir le vide qui fe forme continuellement
dans la partie fupérieure, paffe d'autant plus
rapidement à travers le foyer, qu'il trouve
moins d'obftacle par le haut, & que par
conféquent cette difpofition du fourneau dé-
termine néceffairement un courant d'air fort
& rapide, à le traverfer de bas en haut.

Il eft aifé de fentir, d'après ce qui vient
d'être dit, que plus l'efpace où l'air fe raréfie
dans la partie fupérieure du fourneau eft
grand, & plus le courant d'air extérieur qui
eft forcé d'entrer dans le fourneau pour remplir
ce vide, eft fort & rapide, plus par conféquent le charbon qu'il contient doit brûler
avec activité. De là vient que ces fourneaux

produifent d'autant plus de chaleur, que le tuyau qui eft à leur partie fupérieure, le *tuyau d'afpiration*, eft plus long.

Mais quoique notre fourneau doive fon activité en très-grande partie au rétréciffement de fa partie fupérieure ou à fon tuyau, ce feroit cependant un grand inconvénient que ce tuyau fût trop étroit ; l'expérience a appris qu'un fourneau furmonté d'un tuyau d'afpiration trop étroit, quelle que foit d'ailleurs fa longueur, ne produit prefque aucun effet, en comparaifon de celui qu'il peut produire lorfqu'il a un tuyau d'un diamètre fuffifant. Il eft même conftant que quand le tuyau d'afpiration eft trop étroit, plus il a de hauteur, moins le fourneau tire.

Il fuit de là, qu'il faut néceffairement qu'il y ait un certain rapport entre le diamètre du tuyau d'afpiration, la capacité intérieure du fourneau, & l'ouverture du cendrier. Ce rapport du tuyau doit être à celui du fourneau comme deux font à trois ; c'eft-à-dire, qu'il en doit être les deux tiers, fur-tout lorfqu'on lui donne une longueur fuffifante.

A l'égard de l'ouverture du bas du fourneau, elle peut être prefque de toute l'étendue du corps même du fourneau. On peut ce-

pendant la rétrécir, si l'on veut que l'air entre
dans le foyer, & frappe avec plus de rapidité & de force l'endroit auquel elle répond.

Appliquons cette théorie à la construction
des fourneaux en usage dans l'Orfévrerie.

Fourneau de fusion.

Ce fourneau est une tour creuse, cylindrique ou prismatique, à laquelle il y a une
porte ou principale ouverture tout en bas,
qu'on appelle la *porte du cendrier*. Immédiatement au-dessus de cette porte, le fourneau
est traversé horizontalement dans son intérieur, par une *grille* qui le divise en deux
parties ou cavités ; la partie inférieure s'appelle *cendrier*, parce quelle reçoit les cendres
qui tombent continuellement du foyer : la
porte de cette cavité sert à donner entrée à
l'air nécessaire pour entretenir la combustion
dans l'intérieur du fourneau.

Le haut de ce fourneau est terminé par
un dôme fort élevé, qu'on nomme *chappe* ;
cette chappe a deux ouvertures, l'une laté-
rale & antérieure, qui doit être grande &
pouvoir se fermer exactement par une porte
& l'autre au sommet : celle-ci doit avoir la

forme d'un tuyau d'un diamètre convenable, sur lequel on puisse ajuster d'autres tuyaux d'une longueur déterminée.

C'est dans le foyer, & au milieu des charbons, qu'on place les matières auxquelles on veut appliquer la chaleur; & on les y introduit par la porte de la chappe.

Cette porte de la chappe est encore destinée à y introduire le charbon : elle doit être fort large, afin qu'on en puisse jeter à la fois & promptement une bonne quantité, attendu qu'il se consume rapidement, & que pour ne point déranger le courant d'air qui traverse ce fourneau, il ne doit rester ouvert latéralement que le moins de temps qu'il est possible.

On donne à ce fourneau, dans œuvre, de huit à quinze pouces de diamètre, & deux pieds de haut. La grille se pose à la hauteur de quinze pouces; les neuf pouces restans forment le foyer. La porte du cendrier a six pouces d'ouverture & dix pouces de hauteur. Depuis le dessus de la grille, l'intérieur doit être arrondi.

Lorsqu'un pareil fourneau a douze à quinze pouces de diamètre en dedans, qu'il est surmonté d'un tuyau d'aspiration de huit à neuf pouces de large, & de dix-huit ou vingt pieds de haut, & qu'il eſt bien ſervi, il produit une chaleur extrême; en moins de deux heures on peut y fondre tout ce qu'il eſt poſſible de fondre dans les fourneaux.

L'endroit le plus chaud de ce fourneau eſt à la hauteur depuis envion quatre pouces, juſqu'à ſix au-deſſus de la grille qui eſt au bas de ſon foyer; c'eſt pour cela qu'on fait bien d'élever les creuſets ſur une petite maſſe de terre cuite cylindrique & peu épaiſſe, nommée *fromage*, à cauſe de ſa figure; ces fromages ont encore l'avantage de préſerver le cul des creuſets des atteintes de l'air froid qui entre par le cendrier, & qui les feroit fêler.

C'eſt une opinion aſſez généralement reçue parmi les Chimiſtes, qu'on augmente beaucoup l'activité du fourneau de fuſion, quand on lui pratique un cendrier très-grand & très-haut, ou qu'on y amène l'air qui doit entrer par le bas, au moyen d'un long tuyau qui le prend à l'extérieur. L'avantage qu'on peut tirer de la première de ces diſpoſitions ſe rapporte entièrement au vide formé dans la partie ſupérieure du fourneau. A l'égard du tuyau qu'on adapte au cendrier pour y amener l'air extérieur, il ne contribue à faire tirer davantage le fourneau, que dans le cas où il feroit placé dans un laboratoire fort petit & exactement clos ; car alors l'air de ce laboratoire étant bientôt échauffé & raréfié, feroit moins propre à donner de l'activité au feu du fourneau, que l'air plus frais que le tuyau dont il s'agit lui apporte de l'extérieur.

La propriété qu'a l'eau, lorfqu'elle eft réduite en vapeurs, de faire fonction d'air fur le feu, d'exciter fon activité à peu près comme le fait cet élément, a fait imaginer de placer au milieu du cendrier un vafe rempli d'eau bouillante : ce moyen eft affez bon, & augmente confidérablement l'activité du feu.

Je terminerai cet article par une remarque économique fur les tuyaux qu'on adapte au fourneau de fufion, & à tous les fourneaux en général.

Ces tuyaux font de tôle ; mais ils ne réfiftent pas long-temps, la flamme les a bientôt percés : j'ai rémédié à cet inconvénient, en pofant immédiatemment fur le dôme un tuyau de terre cuite, fur lequel j'adapte enfuite ceux de tôle. Au moyen de cet arrangement, une garniture de tuyaux m'a duré plus de six ans, fur un fourneau qui étoit employé au moins deux fois la femaine, l'une dans l'autre. J'obferverai encore que les trois premiers pieds de mes tuyaux de tôle étoient en tôle forte ou tôle double.

Les Orfévres font affez dans l'ufage d'établir un petit fourneau de fufion fur un des côtés de la paillaffe de leur forge : ce fourneau, qui leur fert principalement à l'affinage de l'argent par le nitre, eft conftruit fur les principes que nous venons de pofer ; mais comme il ne doit pas produire un grand effet, la chappe n'en eft pas furmontée de tuyaux.

Fourneaux d'effai ou de coupelle.

Le fourneau qu'on nomme *fourneau d'effai ou fourneau de coupelle*, eft de figure prifmatique quadrangulaire ; il fert principalement à faire l'effai du titre de l'or & de l'argent.

Ce fourneau eft compofé d'un cendrier, d'un foyer ; & d'une chappe qui le termine par le haut en une pyramide quadrangulaire tronquée.

Le foyer de ce fourneau a deux portes antérieures ; au-deffus de la première, font

placées deux barres de fer horizontalement,
& parallèlement l'une à l'autre : ces barres
sont destinées à soutenir une *moufle*, dont
l'ouverture répond exactement à celle de la
seconde porte ; & c'est dans cette moufle
qu'on place les coupelles. Au moyen de
cette disposition, le charbon entoure la moufle de toutes parts.

La chappe de ce fourneau est tronquée
par le haut, & cela lui forme une ouverture assez grande, par laquelle on introduit le
charbon.

Cette chappe se termine à son sommet par
une pièce qui dégénère en un bout de tuyau
destiné à recevoir un tuyau d'aspiration,
propre à augmenter la chaleur au besoin.

Nota. Dans les fourneaux d'essai portatifs, de
même que dans ceux de fusion, le fond du
foyer est percé d'une infinité de trous qui
font office de grille, & on les soutient sur
des piliers ou sur un trépied, qui, dans ce
cas, leur sert de cendrier.

De la forge.

Comme le vent du soufflet excite fortement
& rapidement l'action du feu, la forge est très-
commode lorsqu'on veut appliquer promp-

tement un très-grand degré de chaleur ; mais elle ne vaut rien dans toutes les opérations qui exigent que la chaleur croiſſe, & ne ſoit appliquée que par degrés.

On fait beaucoup d'uſage de la forge dans les travaux qui exigent une grande chaleur, ſans qu'il ſoit néceſſaire que cette chaleur ſoit ménagée, & principalement dans les fontes des matières métalliques. Cette eſpèce de fourneau eſt très-commode pour les fuſions ; on y fond promptement & avec peu de charbon.

Un ſimple demi-cercle mobile, en fer ou en terre cuite, ſuffit pour renfermer le creuſet & le charbon, & former un fourneau dont on augmente ou diminue le diamètre à volonté, par des demi-cercles plus ou moins grands.

Un des grands inconvéniens de la forge, c'eſt que le vent froid du ſoufflet, lorſqu'il vient à frapper le creuſet en incandeſcence, eſt ſujet à le faire fêler : on évite autant qu'on peut cet accident, en faiſant continuellement tomber des charbons ardens entre le creuſet & la tuyère ; mais on n'empêche pas toujours que cela n'arrive : le grand moyen d'y rémédier, c'eſt de placer dans la partie inférieure

d

de la forge, deux pouces au-deſſus du trou
de la tuyère, une plaque de fer de même
diamètre, percée, près de ſa circonférence,
de quatre trous diamétralement oppoſés. Au
moyen de cette diſpoſition, le vent du ſoufflet, pouſſé avec effort ſous cette plaque,
ſort en même temps par ces quatre ouvertures : cela procure l'avantage qu'il ne frappe
pas continuellement un ſeul point du creuſet ;
que, ſortant en moindre maſſe, il dérange
moins les charbons, & a le temps de s'é-
chauffer en les traverſant ; enfin, qu'il diftribue également l'ardeur du feu, & en enve-
loppe le creuſet de tous côtés.

Toutes les forges ſont recouvertes ou en
berceau ou en hotte renverſée : s'il ne s'a-
giſſoit que de préſerver les bâtimens de l'in-
cendie, qui pourroit avoit lieu ſans cette
couverture, la forme en ſeroit aſſez indiffé-
rente, il ſeroit aſſez libre à chacun de préférer celle qui lui paroîtroit la plus propre,
la plus élégante : mais ſi la conſtruction des
forges peut influer ſur la ſanté, ſur la vie
même des artiſtes, ne mérite-t-elle pas alors
la plus ſérieuſe attention ? Pour ſe convaincre
de cette dernière vérité, il ſuffira de me ſuivre
dans les détails où je vais entrer.

G

Premièrement, perfonne n'ignore les dan‑
gers de la vapeur du charbon ; on fait qu'on
ne peut y refter expofé dans un endroit clos ,
fans courir rifque d'en être fuffoqué. J'avoue
que les ateliers dans lefquels font établies
les forges ne reftent pas clos lorfqu'on y
fait du feu ; on a grand foin d'en ouvrir les
portes & les fenêtres, & il n'eft pas néceffaire
de le recommander, le mal-aife qu'on éprouve
lorfque la forge eft bien allumée , avertit
fuffifamment de la néceffité de renouveler
l'air. Mais combien d'ateliers font difpofés
de manière qu'il n'eft pas poffible d'y admettre
l'air extérieur de façon à chaffer les vapeurs
du charbon qui y circulent? Le vrai, le feul
moyen même de produire efficacement cet
effet, eft d'établir un courant d'air, en ouvrant
deux portes oppofées. Or peut‑on par‑tout
fe procurer cet avantage ? Repréfentons-nous
un inftant un atelier d'Orfévre , tel qu'ils
font difpofés pour la plupart, & nous verrons
qu'il s'en faut de beaucoup qu'on puiffe ainfi
y établir ce courant fi néceffaire pour enlever
les vapeurs nuifibles qui le rempliffent.

« Les Orfévres, dit l'ordonnance, ne pour‑
» ront travailler ou faire travailler dans aucuns
» lieux retirés ou écartés, ailleurs que dans

» leurs boutiques, sur le devant desquelles
» leurs forges & fourneaux seront placés &
» scellés en vue, & sur rue».

D'après cette disposition de l'ordonnance,
les boutiques des Orfévres leur servent d'ateliers. Dans les provinces où les Chambres de
Monnoie tiennent la main à l'exécution de
ce réglement, la boutique est ordinairement partagée en deux dans sa longueur ; un
côté sert à la vente des marchandises, l'autre
sert de laboratoire. Dans ce dernier, un établi
autour duquel travaillent tous les compa-
gnons, est placé sur froc, sous une croisée ;
la forge est reléguée dans le fond. Telle étoit,
par exemple, la disposition de la boutique dans
laquelle j'ai été élevé : au surplus, l'appartement
étoit fort haut, fort large, entièrement ouvert
sur froc, tant par la croisée du laboratoire
qui étoit de toute sa largeur, que par la porte
d'entrée qui étoit de toute celle de la boutique ; au fond de cette dernière étoit placée
la porte d'entrée d'une salle éclairée par une
cour. Cette distribution des portes l'une vis-
à-vis de l'autre, donnoit, comme on le voit,
la faculté d'établir un courant d'air à volonté,
en les tenant toutes ouvertes, & néanmoins,
lorsqu'on faisoit de grandes fontes, lorsque

le fourneau d'affinage étoit allumé, l'air y étoit à peine respirable. C'étoit bien pis lorsque, dans les longues soirées d'hiver, l'atelier étoit fermé, que toute la famille étant rassemblée dans la salle, il étoit impossible d'en tenir les portes & fenêtres ouvertes ; alors l'air extérieur n'ayant d'autre entrée que par la porte de la rue, qui servoit en même temps d'issue aux vapeurs du charbon, ces dernières ne sortoient que difficilement, & après avoir circulé long-temps dans l'atelier ; & il n'y avoit aucun compagnon qui ne se sentît plus ou moins gêné dans la respiration, plus ou moins affecté de mal de tête. J'ai éprouvé moi-même plusieurs fois ce mal-aise ; & cependant, comme je l'ai déjà dit, l'appartement étoit large, élevé, la porte avoit huit pieds & plus d'ouverture. Qu'on juge donc de ce qui doit arriver, & de ce qui arrive effectivement, lorsque la boutique ne communique par le fond avec aucun appartement, que la forge est placée dans un recoin, une espèce de cul-de-four. Dans Paris, où les logemens font généralement plus petits, plus resserrés que dans les villes de province, les Officiers de la Monnoie, chargés de veiller à l'exécution de l'ordonnance, ont cru devoir un peu relâcher de sa rigueur; ils ont permis aux Orfévres d'établir leurs forges hors de leurs boutiques, avec des précautions qui, en adouciffant l'ordonnance à cet égard, en confervent cependant l'efprit : les boutiques, en conféquence, ont été débarraffées des forges; & ces dernières, tranfportées dans d'autres appartemens moins ouverts, fouvent plus bas, n'en font devenues que plus mal-faines.

J'ai vu dernièrement un exemple des accidens auxquels font expofés ceux qui refpirent pendant un certain temps les vapeurs de la forge. Un compagnon, ayant paffé deux heures à fondre en grand, fe fentit frappé d'un mal de tête qu'il attribua à la fatigue; il continua fon ouvrage, & acheva fa journée. De retour chez lui, il lui fut impoffible de fouper; il fentoit une ardeur, un feu univerfels; il étoit dévoré d'une foif inextinguible : accablé par un mal de tête cruel, il prit le parti de fe coucher; mais il ne pouvoit trouver le fommeil. Vers minuit, il lui prit un vomiffement qui lui dura environ une demi-heure, avec des efforts terribles; enfin, après ce dernier accident, il s'endormit jufqu'au jour. Je l'ai vu le même jour à midi; il avoit encore un peu de mal de tête, il étoit étourdi,

G iij

avoit le vifage pâle & creux, les yeux enfoncés, & le corps généralement ébranlé.

Si la vapeur du charbon ne caufe pas tou-jours des accidens auffi graves, au moins eft-il certain que rien n'eft fi contraire à la fanté que de refpirer continuellement un air chargé d'exhalaifons phlogiftiques, un air prefque fans reffort; on ne fauroit douter que ce ne foit là le germe, la caufe de beaucoup de maladies qui attaquent les artiftes obligés par état de vivre au milieu de ces vapeurs meurtrières.

Le fecond inconvénient qui réfulte de la conftruction ordinaire des forges, quoique moindre que le précédent, eft cependant en-core d'une certaine conféquence.

Lorfqu'on fond l'or & l'argent, on projette du nitre dans le creufet; la quantité en eft même affez confidérable, lorfqu'on fond ces métaux en limailles, & encore plus lorfqu'on fond de vieux galons brûlés. Dans ces cir-conftances, le nitre fe décompofe, il détone, fon acide fait brûler, & brûle avec lui le phlogiftique des corps combuftible qui alté-roient la pureté de l'or ou de l'argent, qui adhéroient à leur furface, & les empêchoient de fe réunir en culot: il s'élève du creufe une fumée affez épaiffe, fort fétide, compofée des matériaux de l'acide nitreux, de l'eau du nitre, & du phlogiftique des matières com-buftibles, qui a été, non détruit, car ce prin-cipe eft indeftructible, mais enlevé, volati-lifé par l'effet de la détonation. Cette fumée, faute d'iffue, circule dans l'atelier, & in-commode, finon par fa nature, au moins par fa fétidité. Quand je dis finon par fa nature, je n'entends pas dire qu'elle foit abfolument innocente, qu'elle foit refpirable fans aucun danger, je veux feulement faire entendre qu'elle eft infiniment moins pernicieufe que la vapeur du charbon.

Dans toutes les fontes, les métaux parfaits s'affinent toujours par la deftruction que l'ac-tion du feu occafionne des métaux imparfaits qui leur étoient alliés ; dans l'affinage, cet effet a encore lieu, c'eft même l'objet de cette opération : le phlogiftique des métaux qui fe détruifent ainfi, circule donc encore dans l'appartement, & augmente les qualités nuifibles de l'air qu'on y refpire.

Enfin, on a des preuves que les métaux font volatilifés en entier dans quelques cir-conftances ; l'argent même, tout fixe qu'il eft, cède quelquefois à l'action du feu, ainfi que

le prouve la fuie des forges, qui contient
de l'argent, une efpèce de cadmie d'argent
qu'on y trouve fouvent en maffes affez fen-
fibles, en efpèces de ftalactites. Voilà donc
encore une troifième efpèce d'exhalaifons,
voilà des exhalaifons métalliques qui con-
courent avec les autres à altérer la pureté
de l'air.

D'après ces détails, fur lefquels la nature
de cet Ouvrage m'empêche d'infifter plus
long-temps, qui ne fentira la néceffité de
remédier à tant d'inconvéniens par une meilleure conftruction des forges? On l'a déjà
tenté plufieurs fois; mais de tous les effais
qu'on a faits, les uns, trop difpendieux, n'ont
été admis que dans les grands ateliers;
d'autres, plus fimples & à la portée de tou
le monde, n'ont point réuffi, faute d'avoir été
dirigés d'après une connoiffance exacte de la
théorie des fourneaux.

Ce n'eft qu'en adaptant à la hotte de la
forge un tuyau d'afpiration, qu'on peut par
venir efficacement, & à peu de frais, à donner
une iffue à toutes les vapeurs charbonneufes
métalliques ou autres, qui s'élèvent pendan
les diverfes opérations qu'on fait dans ce four
neau. Ce moyen a déjà été tenté fouvent, mai

presque sans fruit ; ce qui l'a fait abandonner par la plupart de ceux qui l'avoient essayé. Examinons quelles ont pu être les causes qui ont empêché ce moyen de réussir, & voyons comment il est possible d'y rémédier.

La première condition à observer, c'est de donner au tuyau d'aspiration une largeur & une longueur suffisantes. Je ne répéterai pas ce que j'ai dit à ce sujet en traitant de la théorie générale des fourneaux, page 86 & suivantes, qu'on peut consulter à cet égard : je dirai seulement, que les tuyaux que j'ai vu adapter à quelques forges, n'étoient que des tuyaux de poële ordinaire, d'environ trois pouces de diamètre, & qu'au lieu de les prolonger à vingt pieds, comme on auroit dû le faire, on s'étoit contenté d'y en mettre un bout de trois pieds, ou deux bouts tout au plus. Or quelle proportion y a-t-il entre l'ouverture de la forge & la largeur du tuyau ?

La seconde cause qui peut encore beaucoup contribuer à empêcher l'ascension des vapeurs, dérive de la courbure de la hotte.

Pour donner de l'élégance à la forge, on donne ordinairement à la hotte renversée, qui la recouvre, une forme régulière ; on l'appuie d'un côté contre le pignon du bâtiment, &

on en recourbe également les trois autres faces. De cette difpofition, il réfulte que le foyer eft placé fous une des courbures, d'où il fuit que les vapeurs qui s'élèvent, brifées par cette courbure, tourbillonnent & fortent en grande partie par l'ouverture antérieure de la forge. Cet effet a d'autant plus lieu, que le tuyau eft plus étroit, & l'appartement ou plus petit ou plus clos; mais il a plus ou moins lieu dans tous les cas. Le moyen d'y rémédier fe préfente de lui-même; il ne s'agit que d'élever perpendiculairement le côté de la forge fur lequel eft placé le foyer.

C'eft d'après ces réflexions, conformes aux principes, que je propofe de conftruire une forge qui certainement remplira toutes mes indications, & n'aura aucun des inconvé-niens de celles qui ont été établies jufqu'ici.

Je fuppofe qu'on adoffe la forge contre une muraille; alors, après avoir élevé les deux côtés, on continuera à élever celui du foyer perpendiculairement, & on abattra en hotte le côté oppofé, ainfi que la face antérieure; on terminera cette hotte par une ouverture de dix à douze pouces de diamètre, arrondie autant qu'on le pourra, & difpofée de ma-nière à recevoir un tuyau d'afpiration, foit en tôle, foit en terre cuite, de vingt pieds au moins d'élévation. On profitera, s'il eſt poſſible, d'un tuyau de cheminée pour élever ce tuyau d'aſpiration dans un de ſes coins ; lorſqu'on ne pourra pas ſe procurer cet avantage, ou on l'élevera juſqu'au dehors du toît de la maiſon, ou on le dévoiera en le faiſant ſortir, ſoit dans la rue, ſoit dans une cour. Au moyen de cette conſtruction, j'oſe aſſurer que telle fonte qu'on faſſe on ne reſſentira dans l'atelier aucun des inconvéniens des forges ordinaire ; toutes les vapeurs & fumées feront emportées à travers le tuyau ; on ne s'apercevra de la force du feu, que par la chaleur, & non par les étourdiſſemens, le mal de tête, & tous les autres accidens qu'occaſionnent les forges ordinaires.

J'ai fait exécuter une forge d'après ces principes ; le tuyau d'aſpiration n'avoit que ſix pouces : quoi que j'aye pu dire, on avoit abattu en hotte la couverture de la muraille à laquelle étoit adoſſé le foyer, & cependant, dans les fontes ordinaires, on ne ſentoit pas l'odeur du charbon ; la fumée du nitre projeté s'élevoit preſque entièrement ; ce qui en retomboit étoit peu conſidérable, mais ſuffiſant pour appuyer ma théorie : car on voyoit clairement que ce n'étoit que la courbure de la hotte qui la faifoit tourbillonner & paffer en partie par l'ouverture de la forge.

J'ai cru devoir infifter fur cet article ; je ferai très - amplement dédommagé du travail qu'il m'a couté, fi j'ai pu convaincre les artiftes des dangers auxquels les expofe la conftruction vitieufe des forges, & les déterminer à en adopter une meilleure.

Du fourneau des Fondeurs.

Le fourneau des Fondeurs eft un cylindre de fer doublé d'argile ; le vent du foufflet entre par une *tuyère* dans le cendrier, qui ferme exactement; il fe diftribue dans le corps du fourneau au travers de la grille, ou par le moyen de quatre échancrures pratiquées dans la plaque de fer qui en tient lieu.

Ce fourneau eft, comme on voit, une efpèce de forge portative. On peut, en adaptant ainfi la tuyère du foufflet au cendrier bien clos du fourneau de fufion que j'ai décrit, imiter parfaitement ce fourneau.

Des regiftres.

Les anciens Chimiftes ont donné le nom

de regiſtres à des trous qu'ils plaçoient à différens endroits du corps des fourneaux, dans
la vue de modérer ou augmenter l'action du
feu, en les tenant bouchés ou débouchés,
ſelon le beſoin. Mais ces regiſtres ne rem-
pliſſoient que très-imparfaitement l'indication
qui les avoit fait établir ; ils avoient d'ailleurs
le grand inconvénient de diſtribuer très-iné-
galement le feu dans l'intérieur du fourneau.
Plus inſtruits dans la vraie théorie de l'action
du feu, les Chimiſtes modernes les ont ſup-
primés : les portes & les tuyaux d'aſpiration
leur ſuffiſent pour régir le feu des fourneaux
à leur volonté, & bien plus efficacement
qu'on ne le peut faire à l'aide des regiſtres.

S E C T I O N I I.

Des creuſets, coupelles, & autres inſtrumens ou
vaiſſeaux.

Les creuſets ſont des pots de différentes   Creuſets.
formes & grandeurs, dont on ſe ſert dans
toutes les opérations de la Chimie où il s'agit
d'expoſer à l'action d'une chaleur aſſez forte,
des matières pour les fondre, les cémenter,
ou pour remplir d'autres vues.

La matière des creuſets eſt l'argile ; mais

les vases qu'on en forme ont des qualités bien différentes, suivant la pureté de l'argile, la nature & les proportions des matières hétérogènes dont elle est mêlée naturellement, ou qu'on y ajoute à dessein, & même suivant le degré de feu qu'on applique aux poteries dans leur cuite.

Les creusets fabriqués de l'argile presque pure, & qui ont reçu un degré de cuisson assez fort pour prendre la compacité & la dureté des poteries cuites en grès, sont les plus propres à soutenir le feu violent & de longue durée, & à résister en même temps à l'action des matières rongeantes & fondantes, telles que les sels & les chaux métalliques fusibles. Ce sont ceux qu'on emploie dans les verreries, & auxquels on doit donner la préférence pour la fonte des sels & pour les vitrifications. Mais ces sortes de creusets ne peuvent être chauffés ou refroidis brusquement, sans se casser : c'est pourquoi ils exigent de grands ménagemens à cet égard.

Les creusets faits avec de l'argile mêlée d'une certaine quantité de matières maigres, telles que le sable, la craie, le gypse, l'ocre, le mâche-fer, &c. ; & pour la cuite desquels on n'a employé qu'une chaleur médiocre &

trop foible pour leur donner le commencement de fufion dont dépend la compacité,
ont en général affez bien la propriété de réfifter à une chaleur brufque, fans fe fendre,
fur-tout lorfqu'ils ne font pas fort grands; ils
peuvent fervir affez utilement & commodé-
ment à la fonte des métaux, parce que les
matières métalliques n'ayant point d'action
fur les terres, n'exigent pas, de la part du
creufet, autant de compacité que les fels &
les matières vitrifiantes : mais cette feconde
efpèce de creufets, auxquels font analogues
ceux qu'on fabrique ici avec l'argile de Vau-
girard, ne peuvent pour la plupart foutenir
un feu très-violent, fans fe fondre, & d'ailleurs
font trop poreux pour la fonte des fubftances
actives & pénétrantes.

Les creufets d'Allemagne, qu'on nomme
ici *creufets de Heffe*, tiennent un affez jufte
milieu entre les creufets d'argile pure cuite
en grès, & ceux de Paris, & font pour cela
d'un excellent ufage pour une infinité d'opérations.

Il nous vient auffi d'Allemagne des creufets
qu'on nomme *creufets d'ypfe*, qui ont la couleur plombée de la molybdéne, & qui en
paroiffent principalement compofés; ils ont

affez de compacité, & font capables de réfifter fans accident à un feu très-long &
très-violent; mais ils ne peuvent guère fervir
que pour la fonte des métaux.

Les qualités à défirer dans les creufets, feroient qu'ils puffent être rougis & refroidis
très-promptement fans fe caffer; qu'ils fuffent
capables de réfifter à la plus grande violence
du feu, fans fe fendre, ni fe bourfouffler, ni
fe fondre; enfin, qu'ils fuffent en état de
foutenir pendant long-temps l'action des matières rongeantes & fondantes, fans en être
endommagés & fans fe laiffer tranfpirer : mais
ces qualités femblent incompatibles dans une
même matière; car, à la rigueur, il n'y a
que les fubftances ductiles & malléables, tels
que les métaux, qui puiffent foutenir, fans
fe caffer, la dilatation & la condenfation
fubites qu'occafionnent dans tous les corps
l'alternative du grand chaud & du prompt
refroidiffement : mais les métaux font fufible
ou combuftibles; il faut donc perdre l'efpé-
rance d'avoir des creufets parfaits.

Mais fi jufqu'à préfent l'on n'a pu réuni
toutes ces qualités dans une feule efpèce de
creufets, on en a obtenu du moins quelques-
unes féparément, & l'on choifit pour le
différente

différentes opérations, les espèces de creusets qui y sont les plus propres. C'est ainsi qu'on préfère les *creusets d'Ypse*, & après ceux-ci, les *creusets de Paris*, pour la fonte de l'or & de l'argent; & que les *creusets de Sesse*, comme moins poreux, sont plus propres à l'affinage par le nitre, au départ concentré, & à toutes les opérations dans lesquelles on emploie des substances salines.

De la coupelle.

La coupelle est un vaisseau de terre évasé en forme de coupe plate, figure d'où lui est venu son nom.

L'usage de la coupelle est de contenir l'or & l'argent mêlés de plomb, dans les opérations de l'affinage & de l'essai, & d'absorber la litharge avec les autres matières scorifiées, à mesure qu'elles se forment dans ces opérations.

On a soin, pour cette raison, de faire les coupelles avec des terres sèches, poreuses, capables de soutenir l'action d'un feu assez fort, & celle des matières vitrifiées fondantes.

Les cendres de bois & d'os d'animaux sont les plus propres qu'on ait trouvées jusqu'à présent pour les coupelles; ces cendres

H

doivent être brûlées & calcinées parfaitement,
c'eft-à-dire, en blancheur, en forte qu'il n'y
refte plus de principe inflammable, attendu
qu'il feroit capable de reffufciter les métaux
fcorifiés, & qu'il occafionneroit un bouillon-
nement pendant l'opération. Elles doivent
être auffi bien leffivées & dépouillées de toute
matière faline, pour éviter qu'elles ne foient
fufibles.

Pour former les coupelles, on mêle les
cendres d'os ainfi préparées, avec de l'eau,
pour les réduire en une efpèce de pâte,
laquelle on donne enfuite la forme convenable, par le moyen d'un moule. Quelques-
uns les réduifent en pâte avec un peu de
bière ; on y ajoute une petite quantité d'argile, pour pouvoir les mouler plus commo-
dément.

De la lingotière.

On enduit la lingotière de fuif ou de graiffe
intérieurement, pour empêcher que le lingot
n'y foit adhérent.

Mais il faut avoir fur-tout attention que
la lingotière foit parfaitement fèche avant de
couler le métal, parce que la moindre parcelle d'humidité feroit capable de le faire fauter

en l'air avec explosion : il est bon même de
la faire chauffer immédiatement avant que
de s'en servir.

Matras.

Les *matras* sont des bouteilles à col plus
ou moins long, dont les Chimistes se servent
pour faire des digestions, des macérations,
& dont les Orfévres se servent pour les disso-
lutions de l'or & de l'argent, dans les départs.

La forme des matras est diversifiée ; il y
en a dont le ventre est sphérique, ce sont
les matras ordinaires ; d'autres qui sont applatis
par le fond, on les appelle matras à cul plat ;
ce sont ceux dont les Orfévres se servent de
préférence.

Le plus commode de tous les matras,
quand on ne travaille pas sur une grande
quantité de matière, est une fiole à médecine.

Les matras servent aussi souvent de réci-
piens ; on coupe assez ordinairement le col
de ceux qu'on emploie à cet usage, à deux
pouces environ du corps ; ils prennent alors
le nom de *ballon*.

Ballon.

H ij

De la moufle.

La moufle eſt un demi-cylindre en terre cuite, fermé par un bout, & dans lequel on place les coupelles, dans les opérations de l'affinage & de l'eſſai.

La moufle ne doit avoir aucune autre eſpèce d'ouverture que celle qu'on lui pratique ſur le devant; on y fait quelquefois deux trous ſur les côtés, & un dans le fond; mais ces trous nuiſent plus à l'opération qu'ils n'y ſont utiles : ils ne ſervent tout au plus qu'à introduire de la cendre, & quelquefois même des fragmens de charbon embraſé, ſous la moufle & dans les coupelles; ce qui ne peut que nuire au ſuccès de l'opération. Ces trous ſont encore un reſte de l'ancien uſage des regiſtres, qu'il faut ſupprimer.

S E C T I O N I I I.

Des poids d'eſſai.

Comme il ſeroit incommode & même diſpendieux de faire l'eſſai ſur une grande maſſe d'or & d'argent, on a inventé, pour expliquer les degrés de fineſſe de ces métaux, des poids imaginaires, appelés *deniers* pour l'argent, & *karats* pour l'or.

Des deniers.

Les deniers font donc des parties fictives, dans lefquelles on fuppofe divifée une maffe d'argent quelconque, pour en fpécifier le degré de fin, ou le titre.

On fuppofe la maffe d'argent dont on veut exprimer le titre, compofée de douze parties égales qu'on nomme *deniers*; & fi l'argent eft abfolument fin & ne contient aucun alliage, alors les douze parties de la maffe font toutes d'argent pur ; & cet argent fe nomme de l'argent à douze deniers. S'il y a dans la maffe d'argent un douzième d'alliage, elle ne contient par conféquent, dans ce cas, qu'onze parties d'argent pur ; & cet argent fe nomme de l'argent à onze deniers, & ainfi de fuite.

Pour être en état d'exprimer d'une manière plus précife le titre de l'argent, chaque denier fe fubdivife en vingt-quatre parties égales, qu'on nomme *grains*, & qui ne font pas, comme on le voit, des grains de poids de marc, mais des parties ou fractions du denier, des grains fictifs par conféquent, comme le denier eft lui-même un poids imaginaire.

Il faut obferver, au fujet de ces deniers, que les effayeurs nomment auffi denier un poids de vingt-quatre grains réels, ou le tiers d'un gros. Mais les grains du denier de fin font fictifs & proportionnels, de même que ce denier, & se nomment *grains de fin*.

Du karat.

Le poids fictif pour déterminer le titre de l'or, est différent de celui de l'argent, & se nomme *karat*. Une masse quelconque d'or, supposée parfaitement pur, se divise idéalement en vingt-quatre parties ou karats : cet or pur est par conséquent de l'or à vingt-quatre karats. S'il contient un vingt-quatrième de son poids d'alliage, il n'est qu'à vingt-trois karats, & ainsi de suite.

Pour la plus grande précision, le karat de l'or se divise en trente-deux parties qui n'ont d'autre nom que celui de *trente-deuxièmes de karat*. Ces trente-deuxièmes sont des poids proportionnels & relatifs, comme le karat lui-même.

En France, le poids réel ou de *femelle* qui est ordonné pour l'or, est de vingt-quatre grains poids de marc. Ce poids représente par conséquent, ou plutôt réalise les vingt-quatre karats ; chaque karat devient par-là un grain réel ; chaque trente-deuxième de karat devient un trente-deuxième de grain.

On tolère cependant que les essayeurs ne prennent que douze grains & même six, pour leur poids de semelle ; mais la justesse & la sensibilité de leurs balances doivent être bien plus grandes pour des poids aussi petits que ceux des fractions d'un poids principal de semelle, qui est lui-même si petit.

Nota. Le poids de semelle pour l'argent est aussi de vingt-quatre grains poids de marc : chaque denier est donc de deux grains réels, & chaque grain fictif se trouve par conséquent équivaloir à un douzième de grain.

CHAPITRE IV.

Des substances métalliques.

SECTION PREMIÈRE.

Propriétés générales des substances métalliques.

JE comprends ici sous le nom général de métal, non seulement les métaux proprement dits, mais encore les demi-métaux, qui tous ont les propriétés métalliques essentielles.

Les substances métalliques forment une classe de corps peu nombreuse, de la plus grande

importance dans le Arts, dans la Chimie, dans
prefque tous les ufages de la vie. Ces fubftances ont des propriétés très-marquées, par
lefquelles elles diffèrent totalement de tous les
autres corps de la nature.

Ces propriétés qui caractérifent les métaux,
font,

1°. Leur pefanteur fpécifique, qui eft beaucoup plus confidérable que celle d'aucun
autre corps, même des terres & des pierres,
qui font les fubftances naturelles les plus pe-
fantes après elles. Un pied cube de marbre
pèfe deux cent cinquante-deux livres; un
pied cube d'étain, le plus léger des métaux,
pèfe cinq cent feize livres; un pied cube
d'or pèfe treize cent quarante-huit livres,
une once & quarante-huit grains.

2°. Leur brillant métallique, qui eft différent du brillant de tout autre corps, & qui
leur donne la propriété de réfléchir infiniment plus de rayons de lumière que ne le
peut faire aucun autre: de là vient que les
métaux dont les furfaces font polies, forment
des miroirs qui repréfentent les images d'une
manière infiniment plus vive que toute autre
matière; & de là vient que les miroirs de
glace ne produifent leur effet qu'autant qu'il

font étamés : ainſi, les miroirs de glace ne font, dans la réalité, que des miroirs métalliques.

3°. Leur opacité, qui eſt ſi parfaite, que, ſi mince que ſoit une lame de métal, on ne voit jamais le jour à travers.

4°. Leur denſité, qui eſt la cauſe de leur peſanteur & de leur opacité, comme leur brillant dérive de la réunion de cette dernière propriété avec la première.

5°. Leur dureté, qui eſt moindre que celle des pierres vitrifiables.

6°. Leur malléabilité, genre de ductilité qui leur eſt particulier, & en vertu duquel ils cèdent à l'action du marteau.

7°. Leur ténacité, qui eſt plus grande que celle d'aucun autre corps.

8°. Enfin leur fuſibilité, qui eſt infiniment plus grande que celle des terres & des pierres, ſi on en excepte la platine.

Toutes les ſubſtances métalliques ſont ſolubles immédiatement par les acides ; mais ces derniers ne les diſſolvent pas toutes indifféremment ; au contraire, chacune d'elles ſemble avoir parmi eux ſon diſſolvant propre.

Les métaux s'uniſſent tous en général les uns avec les autres, & forment différens

alliages, qui ont tous des propriétés particulières.

Ils ne fe mêlent point par la fufion avec
aucune fubftance non métallique, pas même
avec leur propre terre ou chaux.

Ils s'uniffent en général avec le foufre, &
forment avec lui des compofés qui reffem-
blent beaucoup à leurs mines, qui ne font
pour la plupart que des combinaifons de
métal & de foufre faites par la nature.

Il en eft de même de l'arfenic, qui s'unit
par la fufion, ou fe trouve naturellement
combiné avec une grande partie des fubftances
métalliques.

Les métaux ont beaucoup d'affinité avec
le phlogiftique, & peuvent s'en charger par
furabondance.

Les fubftances huileufes paroiffent avoir
de l'action fur tous les métaux; il y en a
même quelques-uns qu'elles diffolvent entièrement.

Mais toutes les fubftances métalliques ne
poffèdent pas dans le même degré toutes ces
propriétés. Quelques-unes, par exemple,
manquent de ductilité & de ténacité; cependant comme elles acquièrent ces qualités par
leur alliage avec celles qui en jouiffent, ce

que ne fait aucun corps d'un autre genre ;
il demeurera toujours vrai que, si elles en
sont privées, elles sont au moins susceptibles
de les acquérir, & conséquemment que ces
propriétés appartiennent aux substances métalliques en général. Le zinc, par exemple,
est un demi-métal qui n'est point malléable ;
il le devient par ses combinaisons avec le
cuivre, qui forment le laiton & les similors :
le régule d'antimoine, le bismuth, alliés à
l'étain, n'enlèvent point à ce métal sa ductilité. Au contraire, l'or & l'argent, qui sont
les plus malléables des métaux, perdent de
cette qualité lors même qu'on les allie entre
eux.

On pourroit en dire autant du son : quelques substances métalliques sont sonores, &
d'autres ne le sont point, mais sont susceptibles de le devenir par leurs alliages.

Il n'en est pas de même de la fixité ; quelques-unes sont absolument fixes & indestructibles au feu le plus violent ; d'autres y perdent
une partie de leur phlogistique, s'y calcinent,
& ont néanmoins un certain degré de fixité ;
d'autres enfin perdent aussi leur phlogistique
lorsqu'on les expose au feu à l'air libre, &
se volatilisent si on les y expose dans des

vaiſſeaux clos; ce qui les diſtingue en trois claſſes; ſavoir,

Métaux parfaits.

1°. Les métaux parfaits, qui poſſèdent toutes les propriétés que nous venons d'expoſer, c'eſt-à-dire, la peſanteur, l'opacité, la ductilité, la fuſibilité, & ſur-tout la fixité au feu, l'indeſtructibilité. Cette dernière propriété eſt la ſeule qui caractériſe cette première claſſe: en effet, l'or, par exemple, que nous regardons comme le plus parfait des métaux, eſt bien le premier en peſanteur, ductilité, & ténacité; mais il n'eſt que le cinquième pour la fuſibilité, le ſixième pour la dureté: l'argent le cède en peſanteur au plomb; en fuſibilité, à ce dernier métal & à l'étain; en tenacité & en dureté, au fer: l'indeſtructibilité eſt donc le ſeul caractère diſtinctif de cet ordre de métaux.

Les métaux parfaits ſont, l'or, la platine, & l'argent.

Pluſieurs Chimiſtes mettent le mercure dans cette claſſe, dont il poſſède en effet les propriétés; mais ſa volatilité en a déterminé d'autres à en faire une claſſe à part.

Métaux im-parfaits.

2°. La claſſe ſuivante comprend les ſubſtances métalliques qui approchent le plus des métaux parfaits; ils n'en diffèrent qu'en ce qu'ils ne font point indeftructibles, qu'ils perdent leur phlogiftique, & fe réduifent en chaux lorfqu'on les tient expofés au feu à l'air libre; ce qui les a fait nommer métaux imparfaits.

On compte quatre de ces métaux, le cuivre, le fer, l'étain, & le plomb.

3°. Les demi-métaux ont bien la pefan- *Demi-mé-taux.*
teur, l'opacité, la fufibilité des autres fubf-tances métalliques; mais ils ne font point malléables, & font volatils.

Les demi-métaux font au nombre de cinq; favoir, le régule d'antimoine, le régule d'ar-fenic, le bifmuth, le zinc, le cobalt.

On a découvert depuis peu deux nouvelles fubftances demi-métalliques, le nickel & le régule de manganèfe; mais on n'eft pas en-core bien affuré fi ce font vraiment deux demi-métaux particuliers, ou fi ce ne font pas plutôt des alliages métalliques.

Toutes les fubftances métalliques prennent, lorfqu'elles font en fufion, une forme con-vexe, & criftallifent fous des figures régu-lières & conftantes, par le refroidiffement.

S E C T I O N I I.

Des propriétés particulières à quelques substances métalliques.

Après avoir traité, dans la section précédente, des propriétés générales des substances métalliques, j'ai cru qu'il étoit nécessaire, pour faciliter l'intelligence de ce que j'ai à dire sur l'alliage de quelques-unes d'entre elles avec l'or & l'argent, ainsi que sur les moyens de les en séparer, d'exposer ici, le plus succinctement possible, celles de leurs propriétés qui se prêtent ou s'opposent à cette séparation ; & celles qui l'opèrent. Enfin j'ai pensé qu'il étoit à propos de faire connoître au moins les caractères principaux des métaux qui entrent dans ces alliages, soit qu'on les y fasse entrer à dessein, soit qu'il s'y rencontrent par hasard.

Du cuivre.

Le cuivre est un métal imparfait, d'une couleur rouge éclatante.

Il est plus dur, plus élastique, plus sonore, mais un peu moins ductile que l'argent.

Pefé à la balance hydroftatique, il perd entre un huitième & un neuvième de fon poids.

Il a une faveur & une odeur très-marquées, & défagréables.

Il eft de très-difficile fufion, & demande, pour être bien fondu, un degré de chaleur violent, & capable de le faire rougir à blanc.

Expofé à l'action du feu à l'air libre, il fume, fe brûle, fe détruit, & fe calcine. Il communique à la flamme de belles couleurs vertes & bleues.

Le nitre le calcine très-bien, mais fans beaucoup de détonation.

Le foufre & le foie de foufre ont beaucoup d'action fur lui.

Le cuivre reçoit une grande altération de l'action combinée de l'air & de l'eau ; il fe couvre d'une rouille verte, qu'on nomme vert de gris, & qui eft du cuivre en partie décompofé, privé d'une partie de fon phlogiftique.

Tous les acides le diffolvent facilement, & toutes les diffolutions de ce métal font bleues ou vertes.

Les alkalis fixes & volatils, & toutes les

subſtances ſalines, ainſi que toutes les ſubſ-tances huileuſes, le diſſolvent.

Quelques ſubſtances métalliques ont plus d'affinité que lui avec les acides, & le précipitent de ſes diſſolutions : le fera principalement cette propriété.

Enfin le cuivre s'allie, par la fuſion, avec tous les métaux & demi-métaux.

De l'étain.

L'étain eſt un métal d'une couleur blanche, approchante de celle de l'argent, mais plus ſombre & un peu moins blanche.

Il eſt, après le plomb, le plus mou, le moins élaſtique, & le moins ſonore des métaux.

Il perd dans l'eau un ſeptième de ſon poids.

Il a, comme tous les métaux imparfaits, de la ſaveur & de l'odeur.

Il eſt beaucoup moins ductile que les métaux plus durs que lui ; il l'eſt cependant aſſez pour s'étendre en feuilles très-minces.

L'étain eſt très-fuſible, & ſe fond beaucoup avant de rougir.

Expoſé

Exposé au feu à l'air libre, il se fond, & il se forme à sa surface, tant qu'il est fondu, une poudre grise, qui est une vraie chaux d'étain, connue dans les Arts sous le nom de cendre d'étain. Cette chaux perd, par la calcination, de plus en plus son phlogistique, & acquiert une couleur d'autant plus blanche qu'elle a été plus calcinée. On la nomme alors potée d'étain. La potée d'étain acquiert une dureté si considérable, qu'elle est en état de polir les métaux & les pierres précieuses.

Cette chaux d'étain est une des substances les plus réfractaires ; elle n'est point vitrifiée par celle de plomb, comme on le voit par l'émail blanc, dans la composition duquel elle entre, & qui lui doit sa couleur.

Le nitre projeté sur l'étain en fusion & un peu rouge, détone avec une flamme vive ; l'étain se trouve réduit en une chaux très-blanche.

Le soufre s'unit très-bien à l'étain par la fusion ; il résulte de ce mélange une masse aigre & cassante, de plus difficile fusion que l'étain pur.

L'étain reçoit moins d'altération de l'action combinée de l'air & de l'eau, que n'en reçoit le cuivre. Sa surface se ternit à la vérité,

I

promptement à l'air ; mais l'efpèce de rouille légère qui s'y forme, refte mince & fuperficielle, & ne fait pas les mêmes progrès que celle du cuivre.

Tous les acides diffolvent ce métal ; mais l'acide marin eft celui qui le diffout avec plus de facilité : l'étain a même plus d'affinité avec cet acide, que n'en ont plufieurs autres fubftances métalliques : fi on le traite avec le fublimé corrofif, par exemple, il s'empare de l'acide marin de ce fel, & en fépare le mercure.

L'étain s'allie, par la fufion, à toutes les fubftances métalliques, le fer feul excepté & leur fait perdre leur ductilité en tout ou en partie, fuivant les proportions ; & ce qu'il y a de plus remarquable à ce fujet, c'eft que les métaux les plus ductiles, tels que l'or & l'argent, font ceux dont l'étain détruit le plus facilement la ductilité : un feul grain d'étain, la vapeur même de ce métal, eft capable d'aigrir & de rendre caffante une quantité d'or confidérable.

Du fer.

Le fer eft le plus dur de tous les métaux, le plus élaftique, le plus difficile à fondre après la platine.

Il eſt le plus léger après l'étain ; il perd dans l'eau entre un ſeptième & un huitième de ſon poids.

Le fer eſt aſſez ductile pour être tiré en fils auſſi fins que des cheveux.

Ce métal eſt de très-difficile fuſion.

Expoſé au feu avec le contact de l'air, ſon phlogiſtique ſe brûle ; il laiſſe même paroître, ſi on le chauffe juſqu'au rouge blanc, une flamme très-lumineuſe ; il ſe détruit & ſe réduit en chaux de différentes couleurs, depuis le noir juſqu'au rouge de carmin.

Le fer détone avec le nitre, & produit des étincelles vives & brillantes. Après cette détonation, le fer eſt calciné & privé de ſon phlogiſtique.

L'action combinée de l'air & de l'eau convertir promptement ſa ſurface en une rouille ou chaux privée de preſque tout ſon phlogiſtique : cette rouille le pénètre, le ronge, & le détruit entièrement avec le temps.

Tous les acides le diſſolvent : ſa diſſolution par l'acide vitriolique fournit, par évaporation & refroidiſſement, le ſel connu ſous le nom de vitriol vert, vitriol de mars, couperoſe verte.

Ce métal s'allie à toutes les ſubſtances

métalliques, à l'exception du mercure & d
plomb.

Enfin le soufre s'unit au fer, & augmen
confidérablement la fufibilité de ce métal :
l'on applique une bille de soufre à un d
bouts d'une barre de fer rouge à blanc, l'ur
& l'autre coulent en larmes ardentes.

Le fer eft la feule fubftance connue dar
la nature, qui foit attirable par l'aimant,
qui puiffe acquérir la vertu magnétique. Cet
propriété fert à le faire reconnoître dans d
mélanges où il eft d'ailleurs peu fenfible,
même à le féparer, lorfqu'il n'eft qu'interpo
avec d'autres corps, & point adhérent.

Du mercure.

Le mercure, ou vif-argent, a la pefa
teur fpécifique, l'opacité, le brillant méta
lique, & l'indeftructibilité des métaux parfai
mais il en diffère en ce qu'il eft volatil
s'élève en vapeurs de même que les liqueur
& principalement en ce qu'il eft toujours fluic

Le mercure eft, après l'or & la platine,
plus pefante des fubftances métalliques ;
ne perd dans l'eau qu'environ un quinzièr
de fon poids. Un pied cube de mercu
pèfe neuf cent quarante-fept livres.

Le feu ne lui occafionne aucune altération ; il n'éprouve aucun changement par une chaleur qui n'excède point celle de l'eau bouillante ; il fe forme feulement à fa furface un peu de poudre grife, qui n'a befoin que d'une fimple trituration pour reparoître fous fa forme de mercure coulant. Si on l'expofe à un degré de chaleur fupérieur, & à peu près double de celui de l'eau bouillante, alors il fe réduit en vapeurs & fe diffipe ; mais fans qu'il ait éprouvé la moindre altération. Boerrhaave en a diftillé une certaine quantité cinq cents fois, fans qu'il ait fubi le moindre changement. Si on ne donne que le jufte degré de feu qu'il peut fupporter fans fe volatilifer, alors il fe change en une poudre rouge.

On fe fert avantageufement, comme nous le verrons, de la volatilité du mercure, pour le féparer de l'or & de l'argent, avec lefquels on l'a amalgamé pour divers ufages.

Ce métal n'éprouve aucune altération par l'action combinée de l'air & de l'eau ; il ne fe couvre d'aucune rouille ; mais fa furface fe charge jufqu'à un certain point de l'humidité de l'air : lorfqu'il y refte expofé quelque temps, il s'humecte ; & fi on le fait couler dans une affiette de faïence ou dans une capsule de verre, au lieu de rouler en une feule maffe, il laiffe des traînées, ce qui s'appelle *faire la queue*. Sa furface fe charge auffi de beaucoup de pouffière, & femble même l'attirer : fi on le laiffe à découvert dans un lieu où il n'y ait aucune pouffière apparente, on trouve en peu de temps fa furface ternie par des pouffières.

Il s'unit très-facilement au foufre, foit par la fufion, foit par la fimple trituration : dans le premier cas, le compofé qui réfulte de fa combinaifon avec le foufre, porte le nom de *cinabre* ; & c'eft fous cette forme qu'on le trouve plus ordinairement dans le fein de la terre ; d'où vient à ce métal le nom de *mercure revivifié du cinabre*.

Tous les acides le diffolvent, mais avec plus ou moins de facilité : l'acide nitreux eft celui qui le diffout le plus facilement ; & l'acide marin forme avec lui le fublimé corrofif.

Le mercure s'allie avec la plupart des métaux, & forme avec eux des efpèces de pâtes, auxquelles on a donné le nom d'*amalgame*.

Il s'unit au plomb, par l'intermède du

bifmuth , de manière qu'il en réfulte un amalgame qui a toute la fluidité du mercure , &
qui paffe à travers le chamois & les linges
les plus ferrés ; on peut l'allier ainfi à la
moitié de fon poids de plomb : on abufe Mercure falfifié.
quelquefois de cette propriété, pour le falfifier. Mais le mercure ainfi altéré eft aifé à
reconnoître par fa pefanteur fpécifique, qui
eft moindre que lorfqu'il eft pur ; à ce qu'il
fait la queue , & qu'il noircit les doigts

Le mercure, comme tous les autres corps
volatils, furmonte avec explofion les obftacles
les plus forts, lorfque fes vapeurs n'ont pas
la liberté de s'échapper ou de fe condenfer
quand il eft échauffé. Il fait encore explofion comme l'eau , lorfqu'on le jette fur les
métaux en fufion , parce qu'il entre alors
fubitement en expanfion dans toute fa maffe.

Lorfque le mercure eft fali par la pouffière,
on le paffe à travers un linge ferré ou une
peau de chamois.

Lorfqu'il eft altéré par le mélange de quelques fubftances métalliques , fi elles font en
petite quantité, on le triture avec le fel marin
& le vinaigre, qui diffolvent les fubftances
métalliques ; mais fi elles y font en grande

I iv

quantité, alors on eſt obligé d'avoir recours à la diſtillation.

Du plomb.

Le plomb nouvellement fondu reſſemble aſſez à l'étain; mais il eſt plus noirâtre.

Ce métal eſt peu ſonore, le plus mou & le moins élaſtique de tous les métaux, & auſſi le moins malléable & le moins tenace; c'eſt enfin le métal le plus imparfait.

De même que tous les métaux imparfaits, le plomb a une ſaveur & une odeur particulières.

C'eſt, après l'or, la platine, & le mercure, la plus peſante des ſubſtances métalliques. Il ne perd dans l'eau qu'entre un onzième & un douzième de ſon poids.

Il eſt très-fuſible, & ſe fond bien avant que de rougir.

Auſſi-tôt qu'il eſt fondu, il ſe calcine; ſa ſurface ſe recouvre continuellement d'une cendre ou chaux griſe, aſſez ſemblable, pour le coup-d'œil, à celle de l'étain, mais qui en diffère eſſentiellement, en ce que ſi on continue à la calciner, au lieu de devenir de plus en plus blanche, elle prend une couleur jaune qui paſſe par diverſes nuances juſqu'au rouge.

La chaux d'étain eſt, comme nous l'avons vu, une des ſubſtances les plus réfractaires ; celle de plomb au contraire eſt, de toutes les chaux métalliques, la plus fuſible, celle qui ſe change le plus facilement en verre. Ce verre eſt ſi fluide & ſi actif, qu'il s'échappe, comme l'eau, à travers les creuſets le plus compacts. Le plomb, en ſe vitrifiant ainſi, vitrifie avec lui toutes les chaux des métaux imparfaits & des demi-métaux, celle d'étain ſeule exceptée, & les entraîne avec lui à travers les pores des creuſets : c'eſt ſur cette propriété qu'eſt fondé l'art de la coupellation.

Le plomb ſe ternit promptement par l'action combinée de l'air & de l'eau ; il ſe forme à ſa ſurface une petite rouille griſe & fort légère, qui le décompoſe & le détruit, moins promptement cependant que le cuivre & le fer ne ſont ainſi détruits par leur rouille.

Tous les acides le diſſolvent ; il préſente avec eux des phénomènes aſſez ſemblables à ceux que nous verrons que préſente l'argent, traité avec les mêmes acides.

Il s'allie avec toutes les ſubſtances métalliques, le fer feul excepté, avec lequel il refufe opiniâtrement tout alliage.

Enfin il s'unit facilement au foufre par la fufion, & il détone avec le nitre.

Argent dans le plomb. Le plomb eft rarement pur ; il contient ordinairement de l'argent ; ce qui rend quelquefois les effais infideles, comme je le dirai en traitant de l'effai.

Cuivre dans le plomb. Je démontrerai auffi, en traitant de la révivification de l'argent de la lune cornée, qu'il n'y a point de plomb qui ne contienne plus ou moins de cuivre.

Avantage du bifmuth fur le plomb, pour l'effai. Ce défaut de pureté du plomb a fait préférer le bifmuth à ce métal par plufieurs Chimiftes ; le bifmuth, en effet, jouit de toutes les propriétés qui rendent le plomb propre à l'effai & affinage de l'argent & de l'or, & il a fur lui l'avantage d'être plus pur, de n'être point altéré par le mélange de l'argent (1)

(1) M. Sage, dans fon Art d'effayer l'or & l'argent, dit qu'il a retiré un gros vingt-quatre grains d'argent par quintal de régule de bifmuth qu'il a effayé : mais cette quantité eft fi petite, qu'elle ne fauroit influer en rien fur la juftteffe des effais. Le bifmuth que M. Sage a effayé ne contient prefque pas plus d'argent que le plomb le plus pauvre, appelé plomb gueux : ce demimétal l'emporte fur le plomb, en ce qu'il ne contient pas de cuivre.

ou du cuivre ; il paroît donc plus propre que ce métal, au moins aux expériences délicates où il s'agit de déterminer précisément les degrés de fin d'une maffe d'or ou d'argent, & d'obtenir ces métaux parfaits, fcrupuleufement exempts de l'alliage du cuivre.

Du régule d'antimoine, & de l'antimoine.

Comme l'antimoine fert à la purification de l'or, je ne puis me difpenfer de faire connoître fes principales propriétés, ou plutôt celles de fa partie métallique, de fon régule.

Le régule d'antimoine eft un demi-métal de couleur blanche brillante, difpofé par lames appliquées les unes fur les autres.

Ce demi-métal eft médiocrement dur, n'a, comme tous les demi-métaux, aucune ductilité, & fe brife en fragmens fous les coups du marteau.

Il fe fond à une chaleur très-modérée, & auffi-tôt qu'il commence à rougir.

Si on le chauffe modérément, il fe calcine & fe convertit en une chaux d'abord grife, & qui paffe, par diverfes nuances, jufqu'au blanc.

Mais fi on le chauffe fortement, il fume & fe diffipe en vapeurs, parce qu'il eft demi-

volatil , comme le font tous les demi-métaux.

Le nitre détone avec le régule d'antimoine,
& accelère beaucoup fa calcination , comme
il le fait à l'égard de tous les métaux imparfaits.

Le foufre combiné avec le régule d'antimoine , forme *l'antimoine* : c'eft fous cette
forme qu'on le trouve ordinairement dans la
terre,

L'antimoine eft de couleur grife noirâtre,
& arrangé par aiguilles brillantes.

Il eft compofé de parties égales de foufre
& de régule d'antimoine.

Les fubftances métalliques dont je viens
d'expofer les principales propriétés , étant les
feules qu'on a coutume d'allier avec l'or &
l'argent , ou qui fe trouvent naturellement
alliées avec ces métaux parfaits , les feules
enfin dont j'aurai occafion de parler dans le
cours de mes explications fur la théorie des
diverfes opérations qui font l'objet de ce
Traité ; je ne parlerai d'aucune des autres , à
l'exception néanmoins de la platine , fur laquelle je vais jeter un coup-d'œil rapide.

De la platine.

La platine tire son nom du mot espagnol *platina*, qui signifie, en françois, petit argent : comme elle a beaucoup de propriétés communes avec l'or, on la nomme aussi *or blanc.*

C'est dans les mines d'or de l'Amérique Espagnole, & en particulier dans celles de Santafé, près de Carthagène, qu'on a trouvé la platine.

Ce métal se trouve dans les mines en petits grains anguleux, dont les angles sont un peu arrondis, d'une couleur métallique blanche, livide, assez peu éclatante, qui tient du blanc de l'argent & du gris du fer ; en sorte qu'au premier coup-d'œil elle ressemble assez à de la grosse limaille de fer : ces grains sont assez lisses, & doux au toucher, ductiles pour la plupart.

La platine égale presque l'or en pesanteur spécifique ; comme lui, elle n'a aucune saveur ni odeur ; elle n'éprouve aucune altération de l'action combinée de l'air & de l'eau, & ne se rouille pas ; elle est indestructible par l'action long-temps continuée du fèu le plus fort ; elle réfifte, comme lui, à l'action de tous les acides fimples , & ne cède qu'à celle de l'eau régale ; elle foutient de même l'opération de la coupelle ; & enfin le foufre ne l'attaque point , & le foie de foufre la diffout.

Toutes ces propriétés de la platine font, comme nous le verrons, celles de l'or ; mais elle en diffère en ce qu'elle eft prefque infufible, & par quelques autres propriétés qui n'ont aucun trait avec nos opérations, & qu'il ne m'importe pas par conféquent de faire connoître.

Quoiqu'infufible tant qu'elle eft feule, la platine fe fond cependant à l'aide des métaux avec lefquels on l'allie : parties égales d'or & de platine fondus enfemble à un feu violent, forment un alliage qui coule librement dans la lingotière ; une partie de platine & quatre parties d'or fe fondent encore plus facilement. Je traiterai plus en détail de l'alliage de l'or avec la platine, dans le chapitre fuivant.

S E C T I O N I I I.

*Des régles générales de l'alliage des substances
métalliques.*

Le nom d'alliage est employé, en Chimie,
pour désigner l'union des différentes matières
métalliques les unes avec les autres, par la
fusion ou par l'amalgame.

L'alliage de deux métaux est un nouveau
composé qui, suivant la règle générale, doit
participer des métaux qui le composent ; ce
qui n'est cependant pas rigoureusement vrai
dans tous les alliages ; car l'or allié à l'argent,
par exemple, ne devient pas soluble par l'eau-
forte : quelques-unes des propriétés des métaux qui forment un alliage, font même aug-
mentées ou diminuées par cette union : la
ductilité d'un métal composé de deux ou
plusieurs métaux, est communément moindre
que celle des mêmes métaux lorsqu'ils sont
seuls ; un mélange d'or & d'argent est moins
ductile que chacun de ces métaux ne l'est
séparément : l'or devient aigre avec l'étain,
qui lui même est très-ductile.

La pesanteur spécifique des métaux change
aussi dans leurs alliages ; quelquefois elle est

moyenne entre celle des métaux qui les compofent; quelquefois elle eft moindre; fouvent
elle eft plus grande.

On peut dire auffi la même chofe de la
couleur des fubftances métalliques alliées les
unes avec les autres; elle ne répond pas
plus exactement aux propriétés du mixte.

L'alliage augmente la fufibilité des fubftances métalliques; cette règle eft générale:
la platine, qui eft infufible tant qu'elle eft feule,
entre en fufion lorfqu'on la mêle avec l'or,
avec l'argent, avec le plomb, &c.

Les alliages des métaux font ou naturels
ou artificiels. Les premiers font ceux qui
font faits par la nature, tels que font la plupart des minéraux, qui contiennent tous plufieurs métaux alliés les uns avec les autres:
l'or natif eft toujours plus ou moins allié
d'argent; l'argent natif contient auffi toujours
plus ou moins d'or. Les alliages artificiels
font ceux qu'on fait exprès de plufieurs métaux les uns avec les autres, pour différens
ufages.

Je parlerai des divers alliages de l'or & de
l'argent, & de leurs ufages dans l'Orfévrerie,
lorfque je traiterai particulièrement de chacun
de ces métaux.

Section

SECTION IV.

De la soudure.

On nomme soudure, un alliage métallique, & quelquefois un métal très-fusible, au moyen duquel on joint, d'une manière solide, des pièces métalliques les unes avec les autres.

Tout l'art de souder est fondé, 1°. sur le principe général que nous avons posé, qu'il n'y a que les substances métalliques, & dans leur état de plus parfaite métalléité, qui puissent s'unir complètement entre elles ; & l'on en peut déduire facilement la raison de toutes les pratiques des différentes espèces de soudure.

2°. Comme le métal à souder ne doit pas être fondu, & qu'il faut qu'il y ait fusion au moins d'une des substances métalliques qu'on veut unir, il faut nécessairement que le métal ou l'alliage métallique qui doit servir de sou-dure, soit plus fusible que le métal à souder.

3°. Nous venons de voir dans la section précédente, que l'alliage augmente beaucoup la fusibilité des substances métalliques : c'est à cette propriété que sont dues toutes les sou-dures qu'on emploie dans l'Orfévrerie. La soudure de l'or est un alliage d'or & d'argent, Soudure de l'or & de l'argent.

K

ou d'argent & de cuivre ; celle de l'argent, un alliage d'argent & de cuivre. Les proportions varient felon le degré de fufibilité dont a befoin.

4°. Quelque fufible que puiffe être la foudure qu'on emploie, on en accélère encore la fufion, en y faupoudrant du borax.

5°. Lorfqu'on a à fouder des bijoux qu'il n'eft pas poffible d'expofer à l'action du feu, pas même à celle du chalumeau, on les foude à l'étain.

6°. Excepté pour l'or & l'argent qui ne fe calcinent point, mais dont les furfaces qu'on veut fouder doivent néanmoins être nettoyées de toutes parties hétérogènes, il faut abfolument racler jufqu'au brillant celle de tous les métaux qu'on veut fouder, fans quoi la foudure ne s'y attacheroit point, en conféquence du principe général que j'ai pofé en tête de cette fection.

S E C T I O N V.

De l'amalgame.

L'alliage du mercure avec les métaux, connu fous le nom d'amalgame, fuit les règles de tous les alliages métalliques ; mais il a

quelques propriétés qui lui sont particulières.

Le mercure ne peut, ainsi que tous les autres métaux, contracter aucune union avec les chaux métalliques; mais il s'allie plus ou moins facilement avec presques toutes les substances métalliques.

Comme le mercure est habituellement fluide, & qu'il suffit, pour la plupart des combinaisons, qu'un des deux corps qui doivent s'unir soit liquide, il s'ensuit qu'on peut amalgamer le mercure avec la plupart des substances métalliques, sans le secours du feu.

Il y a en général deux moyens de faire les amalgames; le premier à froid & par simple trituration; & le second, par la fusion du métal avec lequel on veut unir le mercure, & dans lequel, lorsqu'il est fondu, on en mêle la quantité qu'on juge à propos.

Le mercure, en s'unissant aux métaux, les rend en général friables, & capables de se réduire presque en poudre, quand il n'est qu'en petite quantité; s'il est en quantité plus grande, il les réduit en masses pétrissables, en une espèce de pâte.

L'or, & après lui l'argent, sont les métaux

avec lefquels le mercure s'unit le plus facilement. Il fuffit que le mercure foit légèrement frotté fur un morceau d'or ou d'argent,
ou qu'il féjourne quelque temps dans un
vafe formé de l'un de ces métaux, pour qu'il
les diffolve. Si c'eft une pièce d'or, par
exemple, on obferve que l'endroit qui a été
touché par le mercure devient blanc comme
de l'argent; & fi la pièce d'or eft mince, elle
n'a plus de confiftance en cet endroit, & fe
brife avec la plus grande facilité. Mais on
accélère confidérablement l'amalgamation du
mercure avec l'or & l'argent, fi on emploie
ces métaux réduits en lames très-minces, en
parties très-fines.

Quoique l'or & l'argent s'amalgament parfaitement à froid avec le mercure, cependant
la chaleur facilite beaucoup & accélère leur
union; mais comme, d'un autre côté, l'alliage
facilite beaucoup la fufion des fubftances
métalliques, il fuit de ce principe, qu'il
fuffit de faire rougir les métaux difficiles à
fondre, & qu'on a réduits en petites parties,
& de les triturer avec le mercure.

Je terminerai cet article, en obfervant qu'il
feroit très-imprudent de faire fondre les métaux qui demandent une grande chaleur pour

leur fufion , comme l'or , par exemple , &
d'ajouter le mercure dans ce métal fondu ,
à deffein de l'amalgamer , parce que , non
feulement le mercure fe diffiperoit pour la
plus grande partie en vapeurs , avant de s'être
uni au métal , mais encore parce qu'il y auroit
danger d'explofion de fa part , pour les rai-
fons que j'ai expofées au mot mercure , dans
la feconde fection de ce chapitre , page 132.

L'amalgame à froid eft en ufage dans l'Orfévrerie pour féparer l'or & l'argent des
matières pierreufes ou terreufes dans lefquelles
ils font mêlés , lorfqu'on fait la lavure : il fert
auffi quelquefois pour dorer ou argenter ;
mais on préfère pour l'ordinaire l'amalgame
à chaud pour ces dernières opérations.

Je crois m'être affez étendu , dans ces quatre
chapitres , fur tout ce qu'il eft néceffaire de
connoître pour bien entendre la théorie des
opérations dont j'ai à rendre compte ; & au
moyen de ces préliminaires , j'efpère que rien
n'étant dans le cas d'arrêter la marche de mes
explications , elles en feront d'autant plus faciles à faifir : c'eft au moins dans cette vue
que j'ai embraffé ce plan.

CHAPITRE V.

De l'or.

L'OR est le plus parfait de tous les métaux.

Lorsqu'il est bien pur, il n'a ni saveur ni
odeur.

Pesanteur spécifique de l'or. Il est le plus pesant de tous les corps connus ;
il ne perd dans l'eau que d'un dix-neuvième
à un vingtième de son poids. Un pied cube
d'or pèse treize cent quarante-huit livres une
once & quarante-huit grains.

Sa dureté. Sa dureté est moyenne entre celle des métaux durs & celle des métaux mous.

Sa ductilité. Sa ductilité surpasse celle de tous les autres
métaux ; une once d'or peut dorer & recouvrir
un fil d'argent de quatre cent quarante-quatre
lieues. Boerrhaave rapporte, d'après Cassius,
qu'un artisan d'Ausbourg a eu l'adresse de
tirer d'un seul grain d'or un fil de cinq
cents pieds (1). L'art du Batteur d'or fournit

____

(1) On lit, dans les Mémoires de l'Académie Royale
des Sciences, année 1713, qu'une once de ce métal
peut être tirée à la filière en un million quatre

encore une nouvelle preuve de la prodigieuse ductilité de ce métal : une once d'or peut, étant réduite en feuilles par cet artisan, couvrir un espace de seize cents pieds trois pouces & une ligne carrés.

La ténacité de l'or est aussi plus grande que celle de tout autre métal. Un fil d'or d'un dixième de pouce de diamètre, soutient un poids de cinq cents livres avant de se rompre.

Lorsqu'on le bat à froid pendant un certain temps, ou qu'il a été violemment comprimé dans une filière, il perd de sa ductilité, acquiert de la roideur, de l'élasticité ; il s'écrouit enfin. On lui rend sa première ductilité par le recuit, qui consiste à le faire rougir & le laisser refroidir de lui-même.

L'or ne reçoit aucune altération de l'action de l'air, de celle de l'eau, ni de celle combinée de ces deux élémens, ni enfin d'aucune des exhalaisons qui flottent ordinairement dans l'atmosphère. Il est aisé de le remarquer par les dorures des édifices publics,

Sa ténacité.

Son écrouissement.

Son inaltérabilité à l'air.

---

vingt-quinze mille pieds de long ; c'est-à-dire, en un fil de soixante-treize lieues de longueur, à deux mille cinq cents toises la lieue.

qui réfiſtent à toutes les vapeurs des villes, même les plus peuplées. Si la couleur jaune foncée & éclatante, qui fait en partie l'excellence de ce métal, ſemble ſe ternir, ce n'eſt que par la ſimple adhéſion des corps étran-gers : ſa beauté peut ſe rétablir ſans faire aucun tort au métal, quelque délicatement figuré qu'il ſoit, & ſans rien enlever de ſa ſurface, toute mince & délicate qu'elle puiſſe être, par le moyen de certaines liqueurs qui diſſolvent les ſaletés qui s'y ſont attachées : telles ſont la ſolution du ſavon, des alkalis fixes, les alkalis volatils, l'eſprit de vin rectifié.

Moyen de le nettoyer.

On obſervera qu'on ne doit jamais ſe ſervir du ſavon, ni des liqueurs alkalines pour les galons, les broderies, ni le fil d'or tiſſu parmi la ſoie ; car en nettoyant l'or, elles rongent la ſoie, & changent ou font décharger ſa couleur : mais on peut employer l'eſprit de vin, ſans appréhender qu'il attaque la couleur ni la qualité du ſujet.

Sa fuſion.

Expoſé au feu, l'or rougit d'abord, & quand il eſt rouge ardent comme un charbon allumé, il ſe fond auſſi-tôt : ſa ſurface a pour lors une couleur d'un vert bleuâtre & lumineuſe. Le degré de chaleur eſt un point

effentiel dans la fufion de l'or : s'il n'eft que
précifément mis en fufion, il fe trouve toujours caffant. Une augmentation de chaleur
confidérable au delà de ce point, eft néceffaire
pour lui donner toute fa malléabilité. Lorfqu'on a obtenu cette fluidité néceffaire, il
ne faut que verfer ce métal dans une lingotière froide, pour le rendre auffi caffant que
s'il n'eût pas eu d'abord un degré de chaleur fuffifant. On a communément attribué
cette qualité caffante à d'autres caufes : la
plupart des Chimiftes ont écrit qu'un morceau de charbon qui tombe fur l'or en fufion, fuffit pour le rendre caffant ; mais il
paroît que c'eft une erreur. Dans la monnoie
royale de Suède, on eft dans l'ufage de couvrir toujours l'or de charbon en le fondant,
& cependant il conferve en entier la malléabilité qu'il avoit auparavant.

Quand l'or eft divifé en petites parties, *Affemblage de l'or.*
comme en limaille, quoique les particules
foient amenées enfuite à un état de fluidité
parfaite, elles ne fe réuniffent pas aifément
en une feule maffe, & il y en a fouvent
beaucoup qui reftent fous la forme de glo-
bules féparés. On juge que cet effet eft caufé
par de petits atomes de pouffière ou autres

matières étrangères, adhérentes aux furfaces des particules, & qui en empêchent la réunion. On écarte cet obftacle en y projetant du nitre ou du borax, dont l'un brûle & détruit, & l'autre diffout & vitrifie ces fubftances. C'eft ce que les Orfévres appellent affembler l'or. Ils préfèrent ordinairement le nitre au borax, parce qu'ils ont remarqué que ce dernier blanchit ou pâlit un peu l'or.

Son indeftructibilité. On n'a jamais obfervé que les plus grands degrés de feu artificiel, continués pendant un long efpace de temps, fuffent capables de caufer à l'or aucune altération. Kunckel fait mention d'une expérience où l'or fut expofé pendant trente femaines à un feu de verrerie, fans recevoir aucune altération fenfible dans fa qualité, ni aucune diminution dans fon poids.

Sa volatilité. Cette fixité de l'or n'eft cependant point abfolue; il s'eft volatilifé au foyer d'un miroir ardent de trois à quatre pieds de diamètre : mais M. de Fourcroy obferve que la fumée qui s'eft élevée de fa furface dans cette expérience, reçue fur une lame d'argent, l'a dorée : il a donc confervé fon indeftructibilité, malgré la violence extrême du feu auquel il a été expofé.

SECTION PREMIÈRE.

Des moyens de diffoudre l'or, & de le féparer ensuite de fon diffolvant.

L'or n'eft attaqué par aucun acide fimple; mais il cède à l'action diffolvante du mélange de l'acide marin & de l'acide nitreux: cet acide mixte, qui eft le vrai diffolvant de l'or, porte le nom d'eau régale; il peut fe préparer de plufieurs manières.

1°. En mêlant deux parties d'acide nitreux ou eau-forte avec une partie d'acide marin ou efprit de fel; on a remarqué que ces proportions font celles qui réuffiffent le mieux pour opérer la diffolution de l'or.

Compofition de l'eau régale.

2°. En diffolvant une partie de fel marin dans quatre parties d'acide nitreux.

3°. Enfin en diffolvant une partie de fel ammoniac dans quatre parties d'acide nitreux. Cette dernière méthode de compofer l'eau régale eft la plus ufitée, la feule généralement connue des Orfévres.

Toutes ces eaux régales diffolvent l'or avec effervefcence : on les fait chauffer pour accélérer la diffolution.

La diffolution de l'or par l'eau régale eft

Diffolution de l'or.

d'une couleur jaune brillante, qui reſſemble à celle de l'or même. Elle eſt très-corroſive; elle teint la peau d'une couleur pourpre foncée.

En trempant une lame de cuivre rouge bien avivée, dans la diſſolution d'or étendue d'eau, l'or ſe précipite avec ſon brillant métallique, & d'une forte couleur rougeâtre, qui lui vient de quelques atomes cuivreux qui y ſont mêlés.

Comme cette ſéparation de l'or d'avec l'eau régale qui l'avoit diſſout, ſuit les mêmes lois que celles de l'argent dans l'opération du départ, je remets à cet article l'explication de ſa théorie.

A l'exception de la platine, toutes les ſubſtances métalliques ſolubles par l'eau régale, peuvent, de même que le cuivre, ſéparer l'or de ſa diſſolution, & le raſſembler ſous ſon brillant & pourvu de toutes ſes propriétés : l'or ainſi raſſemblé eſt, comme je l'ai obſervé, allié à une certaine quantité du métal qui a ſervi à le précipiter : c'eſt pour cette raiſon qu'on préfère le cuivre, comme étant celui de tous les métaux qu'on lui allie de préférence.

Mais si l'on vouloit obtenir l'or absolument pur, alors il faudroit verser dans sa dissolution une suffisante quantité de dissolution de plomb par l'acide nitreux. Ces deux métaux se précipitent ensemble; le plomb est précipité par l'acide marin de l'eau régale, & l'or, parce qu'il ne peut se tenir en dissolution dans l'acide nitreux seul. En tenant ensuite cet alliage en fusion un temps suffisant, le plomb se scorifie, & laisse l'or absolument pur. Je ne connois pas d'opération qui donne de l'or plus pur que celle-ci; je l'ai répétée plusieurs fois dans mes Cours, & elle m'a toujours fourni de l'or à vingt-quatre karats.

Moyen d'obtenir l'or le plus pur.

Le fer dissout par l'acide vitriolique ou le vitriol vert, la couperose verte, dissoute dans l'eau, précipitent l'or sous la forme d'une poudre d'un rouge brun obscur, à cause du fer qui se précipite avec lui. Comme les solutions vitrioliques de fer ne précipitent de l'eau régale aucune substance métallique connue, excepté l'or, cette expérience fournit une méthode très-commode pour le reconnoître.

Moyen de reconnoître l'or dans toute dissolution.

Les alkalis fixe & volatil, & les terres absorbantes précipitent l'or de sa dissolution : cette précipitation a lieu, à raifon de ce que les acides de l'eau régale, ayant plus d'affinité avec ces fubftances falines & terreufes, qu'elles n'en ont avec l'or, abandonnent ce métal, pour s'unir avec elles.

Or fulmi-
nant.

Il y a une obfervation effentielle à faire fur la précipitation de l'or par les alkalis fixe & volatil; c'eft que, fi l'eau régale a été compofée avec le fel ammoniac, le précipité qui s'en fera par l'alkali fixe, fera fulminant; le même effet aura lieu fi on précipite par l'alkali volatil, l'or diffout par une eau ré-gale, préparée, foit par le mélange des acides marin & nitreux, foit par le fel marin diffout dans ce dernier acide.

L'explofion de l'or fulminant eft plus vio-lente que celle de toute autre efpèce de ma-tière connue : elle fe fait à un moindre degré de chaleur que celle de toute autre matière explofible; il fuffit même de le broyer grof-fièrement dans un mortier, pour exciter fon explofion. On a éprouvé que quelques grains d'or fulminant agiffent avec autant de force que plufieurs onces de poudre à canon.

Cet expofé fuffit pour faire fentir l'impoffi-bilité de fondre ce précipité au premier degré de chaleur; il feroit une explofion capable de tout renverser : on ne peut se faire d'idée des effets terribles que produiroit la détonation d'une once d'or fulminant.

On ne doit donc jamais se servir des alkalis fixe & volatil pour rassembler l'or, sans faire la plus sérieuse attention à ce que je viens de détailler; le plus sûr, pour des personnes qui ne sont point assez familières avec la théorie chimique de cette expérience, c'est de rassembler l'or par le moyen de la lame ou plaque de cuivre : la quantité de ce dernier métal qui se précipite avec lui, est trop petite pour mériter attention ; cela est si vrai, qu'on est obligé de lui ajouter encore pour le mettre au titre de l'ordonnance.

On enlève à l'or la propriété fulminante, soit en le faisant digérer dans une liqueur alkaline ou dans l'acide vitriolique, soit en le mêlant avec le soufre, & faisant brûler lentement ce dernier : mais cette expérience est très-dangereuse ; il vaut mieux le décomposer par les deux premiers moyens.

Section II.

Des divers alliages de l'or ufités dans l'Orfé-vrerie.

L'or s'allie, par la fufion, avec toutes les fubftances métalliques; il perd alors plus ou moins de fa couleur & de fa ductilité; plufieurs même le rendent aigre & caffant. Le cuivre eft le feul métal qui n'altère pas fa couleur.

Alliage de l'or avec l'argent. L'argent s'unit à l'or par la fufion dans toutes proportions. Ces métaux alliés perdent fort peu de leur ductilité; mais ils acquièrent de la roideur & de l'élafticité. Une vingtième partie d'argent rend l'or fenfiblement pâle. Cet alliage s'accorde affez bien avec les règles de proportion de l'alliage : la pefanteur fpécifique n'eft augmentée que de très-peu de chofe.

Avec le cuivre. Le cuivre donne à l'or beaucoup de roideur & de dureté, ne diminue pas beaucoup fa ductilité, & rehauffe fa couleur. La pefanteur fpécifique de cet alliage eft plus grande que les proportions de l'alliage ne femblent l'indiquer. Le cuivre a encore la propriété de rendre l'or plus fonore, & moins fufceptibl susceptible de perdre sa ductilité par la vapeur du charbon; ce à quoi il est très-sujet.

L'or facilite la fusion du fer; ce qui a fait dire à **M. Gellert**, que l'or vaudroit mieux que le cuivre pour souder les petits ouvrages de fer ou d'acier. L'alliage du fer & de l'or est plus léger qu'il ne sembleroit devoir l'être.

Les propriétés de l'argent & du cuivre, relativement à l'or, ont rendu son alliage avec ces métaux d'un très-grand usage dans l'Orfévrerie, parce qu'il rend les ouvrages qu'on en fait plus fermes & plus propres à être travaillés ; & dans la monnoie pour la même raison, & de plus, pour les droits du Prince, & pour payer les frais de la fabrique de la monnoie.

La propriété qu'a le cuivre de rehausser la couleur de l'or, tandis qu'au contraire l'argent l'affoiblit, a fait abandonner presque absolument l'alliage de ce dernier métal avec l'or. Il est cependant des cas où on ne peut se dispenser d'allier l'or sur l'argent, ou, comme disent quelquefois les Orfévres, sur le blanc : c'est ainsi, par exemple, que doit être l'or destiné à être émaillé ; s'il est allié sur le rouge, c'est-à-dire, sur le cuivre, les bords

L

de l'émail blanc verdissent pendant sa fonte, & cette couleur augmente à chaque fois qu'on remet la pièce au feu, pour y appliquer les émaux colorés : l'émail conserve au contraire toute sa blancheur, si la plaque qui lui sert de base est d'or allié d'argent.

Avec l'étain. L'étain s'unit à l'or, mais il le rend aigre ; cela va même au point qu'une très-petite quantité d'étain, la seule vapeur même de ce métal, est capable d'enlever la ductilité à une grande quantité d'or. Cet alliage pèse moins que la règle de l'alliage ne sembleroit l'indiquer.

Avec le plomb. Le plomb s'unit en toutes proportions avec l'or ; cet alliage est d'une pesanteur spécifique plus grande que la proportion du mélange ne sembleroit l'annoncer.

L'alliage du plomb avec l'or est en usage pour l'essai des mines & pour l'affinage, comme nous le verrons en traitant de l'opération de la coupelle, qui est toute fondée sur les propriétés de ce métal.

Ceux qui sont accoutumés à l'inspection de l'or diversement allié, peuvent juger à peu près, par la couleur de toute masse donnée, la proportion de l'alliage. On forme pour cela plusieurs compositions d'or avec diffé rentes proportions des métaux dont on l'allie d'ordinaire, & on en fait des espèces d'aiguilles, pour servir de pièces de comparaisons, qu'on nomme des touchaux. Après avoir nettoyé le morceau d'or qu'on veut examiner, on fait une marque sur la pierre de touche avec cet or, & une autre tout auprès avec celle des aiguilles qui paroît en approcher davantage. Si la couleur des deux touches est la même, on juge que la masse donnée est de la même finesse que l'aiguille.

Le grand excès de pesanteur spécifique de l'or, au-dessus de celle des métaux auxquels on l'allie, fournit encore une méthode de juger la quantité d'alliage qu'il y a dans un mélange donné : mais nous avons vu que la pesanteur des métaux alliés ne s'accorde pas toujours avec les règles que les proportions du mélange semblent indiquer ; ce qui fait que cette méthode ne peut pas servir à les déterminer avec précision.

On reconnoît jusqu'à un certain point la pureté de l'or allié de quelques métaux imparfaits, en le faisant rougir sur des charbons ardens ; il noircit plus ou moins à sa surface.

L'or pur ne change abſolument point de couleur.

L'acide nitreux ne fait de même aucune impreſſion ſur ſa couleur lorſqu'il eſt pur, & la change lorſqu'il eſt allié.

Mais il s'en faut de beaucoup que toutes ces méthodes faſſent connoître la quantité d'alliage qu'on peut avoir mêlé avec l'or; elles ne ſont bonnes, tout au plus, qu'à faire voir que l'or n'eſt pas pur. Le meilleur moyen pour s'aſſurer du titre de l'or, eſt la coupellation par le plomb.

Le ſoufre, dont les vapeurs corrodent, & qui, à l'aide de la fuſion, diſſout & ſcorifie la plupart des métaux, n'a aucune action ſur l'or : de là vient qu'on ſe ſert d'or pour certains uſages mécaniques, où les autres métaux ſont détruits avec le temps par les vapeurs ſulphureuſes, comme le trou de la lumière des fuſils. De là vient auſſi qu'on peut ſéparer, comme nous le verrons, l'or de preſque toutes les autres ſubſtances métalliques, en le fondant avec le ſoufre.

Quoique l'or réſiſte au ſoufre, il s'unit très-parfaitement au foie de ſoufre, qui eſt une combinaiſon de ce minéral avec l'alkali fixe.

Six parties de foie de soufre suffisent pour diffoudre par la fufion une partie d'or, de manière à ce qu'elle puiffe être diffoute dans l'eau & paffer à travers le papier.

S e c t i o n   III.

Des moyens de féparer l'or des fubftances métal-liques avec lefquelles il peut être allié.

On ne parlera ici que des moyens qu'on à coutume d'employer pour affiner ainfi l'or; ils font tous fondés fur les propriétés effen-tielles de ce métal.

Les opérations qu'on fait à ce fujet ont des noms particuliers, comme ceux d'affinage par le nitre, que les Orféyres nomment fim-plement affinage;

De départ fec, ou par la fufion, qui fe fait par le moyen du soufre, & qui eft fondé fur la propriété que nous avons reconnue à ce minéral de fe joindre facilement à prefque tous les métaux, tandis qu'il ne touche point à l'or;

De purification par l'antimoine, qui eft fondé fur la même propriété du fóufre;

D'affinage par le plomb, qui porte auffi le nom d'effai ou de coupellation, comme on nomme or d'essai ou de coupelle, celui qui a subi cette opération ;

De départ concentré ou cémentation, qu'on emploie lorsque l'or se trouve allié avec de l'argent en trop grande quantité pour qu'on puisse les séparer par l'eau-forte ;

De départ par l'eau-forte, ou simplement départ, qu'on pratique pour séparer l'or de l'argent, lorsqu'ils font alliés dans des proportions convenables ;

Enfin, de départ inverse, qui a lieu lorsque la quantité de l'or surpasse celle de l'argent dans la masse.

De l'affinage de l'or par le nitre.

L'affinage de l'or par le nitre est fondé sur la propriété qu'a ce sel, ou plutôt son acide, de se combiner avec le phlogistique, de le brûler & le détruire en un instant ; & sur celle de l'or, de résister à cette action, ainsi que l'argent & tous les métaux parfaits, tandis qu'elle calcine tous les métaux imparfaits.

Procédé. Ainsi donc si on stratifie avec du nitre de l'or allié à une ou plusieurs substances métalliques imparfaites, & qu'on tienne ce mélange en état d'incandescence pendant un

temps fuffifant, ces dernières feront abfolument détruites, & l'or reftera parfaitement
pur, ou au moins il ne fera plus allié qu'à
l'argent ou à la platine.

Comme cet affinage s'opère rarement fur
l'or feul, qu'il eft au contraire très-ordinaire
de l'employer fur ce métal allié à l'argent,
ou fur ce dernier feul ; je remets à en donner
le procédé & la théorie dans le chapitre
fuivant.

A la rigueur, l'action du feu long-temps
continuée fuffiroit pour affiner l'or ; mais ce
moyen feroit très-long : l'action du nitre eft
très-avantageufe, en ce qu'elle accélère infiniment la purification de ce métal.

Affinage de
l'or par la
feule action
du feu.

Du départ fec.

Le départ fec ou par la fufion fe fait par
le moyen du foufre, qui a la propriété de
fe joindre facilement avec tous les métaux,
tandis qu'il ne touche point à l'or.

Comme ce départ a moins été mis en pratique pour purifier l'or, qu'à deffein de le
féparer d'avec l'argent ; je remets au chapitre
fuivant à en donner le procédé.

L iv

De la purification de l'or par l'antimoine.

Procédé ordinaire. Pour purifier l'or par l'antimoine, on fait ordinairement fondre ce métal dans un creuset assez grand pour que les deux tiers en demeurent vides ; lorsque l'or est bien fondu, on jette dessus deux fois son poids d'antimoine cru, réduit en poudre ; on recouvre aussi-tôt le creuset, & on laisse la matière en fonte pendant quelques minutes ; après quoi, le mélange étant bien fondu, & chaud au point que la superficie en soit un peu étincelante, on le verse promptement dans un cône de fer qu'on a auparavant chauffé & graissé de suif ; on le frappe sur le plancher pour faire tomber le régule au fond ; & lorsque le tout est refroidi ou bien figé, on renverse le cône, & l'on retire la matière qu'il contient. Elle est distinguée en deux substances, l'une supérieure, composée du soufre de l'antimoine uni aux métaux qui étoient alliés avec l'or, & qu'on nomme scories ; l'autre inférieure, qui est l'or uni avec une quantité de régule d'antimoine proportionnée à la quantité des métaux qui se sont séparés de l'or, pour s'unir au soufre de l'antimoine. On sépare d'un coup de marteau ce régule d'or d'avec les fcories qui le recouvrent.

Ce régule eft d'autant moins jaune, que l'or étoit plus allié.

Au lieu de verfer la matière en fufion dans un cône de fer, on peut, fi l'on eft bien affuré que le creufet foit bon, le retirer du feu, le pofer fur le carreau, & l'y laiffer refroidir.

La plûpart de ceux qui ont traité de cette Remarques. opération, ont dit qu'une feule fonte ne fuffit pas ordinairement pour débarraffer l'or de tout fon alliage, qu'il faut le refondre de la matière, avec la même quantité d'anti-moine, une feconde & même une troifième fois, fi l'or étoit fort allié. Je puis affurer, d'après des expériences réitérées, qu'en con-duifant bien l'opération, on peut en une feule fonte, & avec la dofe d'antimoine pref-crite ci-deffus, débarraffer abfolument l'or de tous les métaux qui altèrent fa pureté.

Pour bien entendre ceci, il faut favoir, 1°. que cette purification de l'or eft fondée, d'une part, fur ce que ce métal ne peut s'unir avec le foufre, tandis que tous les autres, à l'exception cependant de la pla-tine & du zinc, s'uniffent à ce minéral; & d'une autre part, que tous les métaux ont plus d'affinité avec le foufre, que n'en a le régule d'antimoine, d'où il arrive que lorſ-que l'on fond avec de l'antimoine cru, de l'or allié, les métaux qui lui ſont unis ſe combinent avec le foufre de l'antimoine; tandis que la partie réguline, dégagée par eux de ſon foufre, ſe confond & s'unit avec l'or.

Secondement, il faut obſerver que les mé-taux alliés à l'or ne peuvent s'unir avec le foufre, qu'autant qu'ils ſont en contact avec lui.

Il faut, en troiſième lieu, que le foufre ſoit en quantité ſuffiſante pour minéraliſer tous les métaux alliés à l'or, & les faire ſur-nager ce métal ſous la forme de ſcories.

Examinons maintenant ſi le procédé or-dinaire que j'ai décrit eſt propre à remplir toutes ces conditions; & dans le cas contraire, voyons par où il eſt en défaut, & eſſayons à le rectifier.

J'ai dit que la doſe d'antimoine qu'on emploie dans cette opération, eſt ſuffiſant pour enlever à l'or tous les métaux qui altè-rent ſa pureté: & en effet, ſuppoſons l'or plus bas, à ſeize, à quatorze karats même, ce qui donne de huit à dix parties d'alliage, ſ

les vingt-quatre qui conſtituent ſa maſſe, il
en réſultera qu'il faudra ajouter au plus huit
à dix vingt-quatrièmes de ſoufre, conſé-
quemment ſeize à vingt d'antimoine; ce qui
ne fait pas ſon poids égal; or on y en ajoute
le double: ce n'eſt donc pas faute de ſoufre
que l'or ne ſe trouve pas ſuffiſamment pu-
riſié; c'eſt donc à tort qu'on recommence
la fonte une ſeconde & même une troiſième
fois, ajoutant à chaque fois une nouvelle
doſe d'antimoine; c'eſt donc plus mal à propos
encore qu'on joindroit à ce minéral une certaine quantité de ſoufre pur, comme le con-
ſeillent quelques Auteurs; enfin ce n'eſt donc
que par un vice de procédé que l'opération n'a pas tout le ſuccès qu'on a droit d'en
attendre.

En réfléchiſſant ſur toutes les parties du pro- Vices de
cédé ordinaire, je penſai que puiſque ce n'étoit ce procédé.
pas au défaut de ſoufre qu'on devoit attribuer
ſon incertitude (car il eſt eſſentiel de remarquer qu'il réuſſit quelquefois dès la première
fonte), il ne pouvoit y avoir que le défaut
de contact des ſubſtances métalliques avec
ce minéral, qui pût s'oppoſer à leur ſcorifi-
cation; & je crus apercevoir que le vice
conſiſtoit en ce qu'on donnoit d'abord au

mélange une chaleur trop considérable. L'or mis en fusion à ce degré de feu, me disois-je, se précipitant sous les scories, avec lesquelles il n'a plus alors de contact que par sa superficie, les métaux qui l'altèrent ne peuvent plus être saisis par le soufre; d'où il doit résulter que plus le feu a été violent & la fonte prompte, moins l'or a dû être purifié: c'est d'après ces vues, que, me trouvant dans le cas de purifier l'or par l'antimoine, dans une circonstance dont je rendrai compte incessamment, je procédai de la manière suivante, qui me réussit parfaitement.

Procédé rectifié.

Après avoir mis l'or dans un creuset aux deux tiers vide, je le plaçai dans le fourneau de fusion; je laissai le cendrier entièrement ouvert, & la porte de la chappe bien fermée, & je donnai le feu de fusion: lorsque l'or fut rouge ardent & prêt à fondre, j'y jetai deux parties d'antimoine, je couvris sur le champ le creuset le plus exactement qu'il me fut possible; je fermai la porte du cendrier aux deux tiers, & laissai la porte de la chappe ouverte, afin d'entretenir le feu dans une action modérée, capable de tenir le mélange dans une sorte de fusion pâteuse, mais insuffisante pour lui procurer la fluidité qui

n'eût pas manqué de faire précipiter l'or ; je
découvrois de temps en temps le creuset,
pour reconnoître ce qui se passoit dans son
intérieur: j'observai que la matière, après avoir
été pendant quelques minutes dans une fonte
assez tranquille, se boursouffla & bouillonna
légèrement, ou, pour parler le langage de
l'art, fit une légère effervescence qui dura
environ un demi-quart d'heure : à chaque
fois que je découvrois le creuset, le soufre
s'allumoit; mais il s'éteignoit dès que je l'a-
vois recouvert. Dès que ce phénomène eut
cessé, après avoir bien exactement fermé le
creuset, je le recouvris entièrement de charbon ; je fermai la porte de la chappe, ouvris
entièrement celle du cendrier, afin de donner
un bon coup de feu, capable de faire entrer toute la matière en bonne fonte liquide.
Après avoir ainsi soutenu le feu un quart
d'heure, je le supprimai, en bouchant très-
exactement le cendrier, & couvrant d'un
tuileau le bout de tuyau qui termine la chappe.
Lorsque le feu fut absolument éteint, & le
fourneau suffisamment refroidi, c'est-à-dire,
au bout d'une bonne heure, je retirai le creuset,
& après l'avoir cassé, j'y trouvai, comme dans
le procédé précédent, un culot d'or allié de

régule d'antimoine, recouvert de scories, que
j'en séparai d'un coup de marteau.

L'or que j'obtins par ce procédé ne contenoit plus aucun métal étranger, comme je
m'en assurai par des expériences ultérieures,
après l'avoir débarrassé du régule d'antimoine
qui s'y étoit uni pendant l'opération.

Procédé ordinaire pour séparer l'or du régule d'antimoine avec lequel il s'est allié dans l'opération.

Lorsque la fonte a été bien faite, il ne
s'agit plus que de séparer l'or du régule d'antimoine avec lequel il se trouve allié : or ce
demi-métal étant très-volatil & très-combus-
tible, à la rigueur, il suffit, pour en débarrasser l'or, de le tenir en fusion pendant un
temps suffisant : le régule d'antimoine se dissipe en fumée. Il est essentiel de ne poin
presser cette évaporation par une trop fort
chaleur, sans quoi le régule d'antimoine en
leveroit avec lui une partie notable de l'or
il faut donc aller doucement; & cette opéra
tion devient fort longue lorsque le culot con
tient beaucoup de régule d'antimoine. O
l'abrège en soufflant sur la surface de la mass
métallique, parce que le contact de l'air con
tinuellement renouvelé favorise & augmen
en général l'évaporation de tous les corps
& en particulier celle du régule d'antimoin
A mesure que le régule se dissipe, & que l'

se purifie, il exige plus de chaleur pour se tenir en fusion ; ce qui oblige à augmenter un peu le feu vers la fin de l'opération : lorsqu'il ne reste plus qu'une petite quantité de régule, comme il est alors beaucoup plus recouvert par l'or & défendu de l'action de l'air, il lui faut aussi une chaleur beaucoup plus forte pour qu'il continue à s'évaporer ; on voit même cesser entièrement la fumée du régule d'antimoine sur la fin de l'opération, quoiqu'il y ait encore un peu de ce demi-métal uni à l'or ; on achève de l'en débarrasser par le moyen d'un peu de nitre qu'on jette dans le creuset, & qui calcine efficacement ce qui en reste.

Cette méthode de détruire le régule d'antimoine allié à l'or, est, comme on le voit, fort longue : c'est dans la vue de l'abréger que les Chimistes ont fait fondre l'or à plusieurs reprises, en y projetant à chaque fonte une assez grande quantité de nitre. On parvient à la vérité, par cette manière d'opérer, *Vice de ce procédé.* beaucoup plus proptement que par la première, à purifier l'or de l'alliage du régule d'antimoine ; mais elle est encore vicieuse, en ce qu'elle oblige à des fontes très-réitérées,

& qu'elle emploie une grande quantité de nitre inutilement & en pure perte.

C'eſt en combinant ces deux procédés, & en gouvernant le feu ſelon les circonſtances, que je ſuis parvenu à purifier l'or de ſon alliage avec le régule d'antimoine en deux fontes. Voici comme j'opère.

Rectifica-
tion de ce
procédé.

Après avoir ſéparé le culot d'or des ſcories qui le recouvrent, je le mets dans un creuſet que je place dans le fourneau de fuſion ; je lui donne le juſte degré de chaleur néceſſaire pour le mettre en fonte, & dès qu'il y eſt, le régule commence à fumer ; je ſoutiens le feu, l'augmentant à meſure que la diminution de la proportion de ce demi-métal à celle de l'or, rend ce dernier moins fuſible : lorſ-que le feu étant parvenu ainſi graduellement au degré de la fuſion de l'or, il ne s'élève plus de fumée, je projette un peu de nitre, j'ôte le creuſet du feu, & je jette l'or en grenaille la plus menue poſſible ; je ſtra-tifie (1) enſuite cette grenaille avec un

____

(1) Stratifier ſe dit, en Chimie, de l'action d'arrangε deux matières dans un creuſet, en les poſant lit ſι lit : dans ce cas-ci, par exemple, on met d'abord u cinquièm

cinquième, ou au plus un quart de son poids
de nitre de trois cuites, dans un creuset que
je recouvre d'un couvercle percé dans son
milieu d'un petit trou garni d'un bouchon
de terre cuite que je mets ou ôte à volonté;
je lute exactement le couvercle au creuset;
je place ce dernier dans le fourneau de fusion; je l'entoure de charbons jusqu'un peu
au-dessus des matières; je gouverne le feu,
par le moyen des portes du fourneau, de manière à faire rougir médiocrement le creuset:
alors je présente un charbon ardent au petit
trou du couvercle. Si j'aperçois une lueur
brillante autour de ce charbon, & que j'entende en même temps un sifflement léger,
c'est une marque que l'opération va bien. Je
soutiens le feu au même degré, jusqu'à ce
que cet effet n'ait plus lieu; alors il faut
augmenter le feu assez pour faire entrer l'or
en bonne fusion, puis retirer le creuset du
fourneau; & lorsqu'il est refroidi, on trouve

---

lit de nitre, puis un lit d'or, ensuite un second lit de
nitre, & ainsi de suite jusqu'à ce qu'on y ait fait entrer toutes ses matières. Par cet arrangement, l'or se
trouve toujours entre deux lits de nitre.

M

au fond l'or en un culot recouvert d'une ſcorie alkaline.

Si l'opération a été conduite comme je viens de l'expoſer, l'or eſt abſolument pur, & de la plus grande beauté.

On voit que la réuſſite de ce procédé, & la préférence qu'il mérite ſur les deux précédens, réſultent de ce qu'après avoir profité de la volatilité du régule d'antimoine pour en enlever la majeure partie, je ne me contente pas de projeter du nitre à la ſurface de la maſſe métallique; mais en la ſtratifiant avec ce ſel, je la mets en contact avec lui par une infinité de points, tandis que lorſqu'elle eſt en fuſion comme dans les procédés ordinaires, elle n'y eſt qu'à ſa ſurface; d'où il ſuit qu'elle n'a d'action que ſur la partie de régule que ſa légèreté fait flotter ſur l'or, à meſure qu'elle s'en ſépare.

Obſervation ſur les ſcories. Si l'or qu'on a traité par ce procédé contenoit de l'argent, comme ce dernier métal n'eſt que minéraliſé par le ſoufre, & non détruit, il ne faudroit pas jeter les ſcories il eſt facile d'en retirer l'argent par un procédé que je donnerai en traitant du départ ſec.

De l'affinage de l'or par le plomb, ou de la coupellation de l'or.

Comme la coupellation de l'or ne diffère en rien de celle de l'argent, je remets à en traiter dans le chapitre suivant.

Il en sera de même du départ concentré, de celui par l'eau-forte, & du départ inverse : toutes ces opérations sont, à la vérité, des moyens de purifier l'or ; mais comme elles ont aussi pour objet spécial de le séparer de l'argent, & qu'elles sont fondées sur les propriétés de ce métal ; j'ai cru que son histoire devoit en précéder la description ; elle ne pourra que faciliter l'intelligence de leur théorie.

Des moyens de séparer l'étain allié à l'or.

Nous avons vu que la plus petite partie d'étain suffisoit pour enlever la ductilité à l'or ; aussi a-t-on grand soin, dans les ateliers, d'éviter, autant qu'il est possible, le mélange de ces deux métaux : mais malgré toute l'attention qu'on peut y apporter, cet alliage se fait encore assez souvent. Ce qui y donne lieu sur-tout, ce sont les bijoux soudés à l'étain, qu'on fond pêle-mêle avec d'autres vieux ouvrages en or. On a grand soin de les bien gratter, afin d'enlever le plus d'étain possible : mais cette opération ne suffit pas pour l'enlever totalement, & nous avons vu que la plus petite quantité prive de ductilité une masse d'or considérable.

Il seroit donc très-important de trouver un moyen d'enlever absolument l'étain qui a servi ainsi à souder les bijoux en or, on éviteroit par-là le besoin de faire des opérations longues, embarrassantes, & dispendieuses, pour le séparer de l'or. C'est à quoi je suis parvenu de la manière suivante.

Premier procédé qui m'a réussi. Après avoir enlevé à l'outil tout ce que j'ai pu détacher d'étain, j'ai stratifié ensuite l'or avec du nitre ; je l'ai fait rougir obscurément : l'étain, comme très-fusible, a quitté l'or, & a été détruit par la détonation du nitre. L'or ainsi préparé a été fondu avec de l'or pur, & n'en a pas altéré la ductilité.

Mais comme, malgré toutes les précautions imaginables, il est possible qu'il se trouve de l'étain uni à une masse d'or, par un de ces accidens contre lesquels on ne peut pas être en garde ; il est bon de connoître les moyens d'en opérer la séparation absolue.

Procédés ordinaires. Ceux qu'on a coutume d'employer, com-

fistent à projeter sur l'or fondu, du nitre ou
du borax, ou enfin du sublimé corrosif : la
coupellation est reconnue comme insuffisante ;
nous en verrons la raison en traitant de cette
opération : le départ ne réussit pas non plus,
pour les causes que j'expliquerai lorsque j'en
donnerai la théorie. Il faut donc avoir recours à un autre procédé ; & c'est ce que
j'ai fait avec succès, dans une circonstance
dont je vais rendre compte.

Je fus appelé chez un Orfévre qui avoit   Remarques.
une masse assez considérable d'or, qu'il ne
pouvoit venir à bout d'adoucir par aucun
moyen. Il attribuoit, comme moi, l'aigreur
de cet or à la présence d'une partie d'étain.
En vain il l'avoit fondu un grand nombre
de fois, en y projetant tantôt du nitre,
tantôt du borax ; en vain il y avoit aussi projeté du sublimé corrosif ; il avoit essayé tout
aussi inutilement la coupellation sur toute la
masse : l'or, à la vérité, s'étoit un peu adouci
par toutes ces opérations ; mais il n'étoit pas
encore possible de le forger, il se fendoit &
se gerçoit de toutes parts, aux premiers coups
de marteau. Je savois que le départ n'eût
point opéré la séparation complète, je ne

M iij

voulus pas le tenter. Je ne vis donc d'autre moyen à mettre en pratique, que celui de la purification par l'antimoine; j'y eus recours, & j'en obtins le succès le plus complet : j'eus de l'or de la plus belle couleur, & sur-tout de la plus parfaite ductilité.

Second procédé qui m'a réussi.

Dans la crainte de ne point réussir, & de jeter l'Orfévre qui m'avoit appelé dans des frais inutiles, je suivis, quoiqu'avec répugnance, le procédé ordinaire de point en point, & tel qu'il est décrit par l'Emeri, dans son Cours de Chimie : mais m'étant trouvé dans le cas de le répéter pour mon compte personnel, & par expérience dans une des leçons de mon Cours public, je le rectifiai & y substituai celui que j'ai décrit dans la section précédente.

Procédé de M. Bayen.

Je n'avois alors aucune connoissance du procédé par lequel M. Bayen est parvenu à séparer l'étain de l'argent, & dont il rend compte dans ses Recherches chimiques sur l'étain, publiées par ordre du Gouvernement: si je l'eusse connu, je l'eusse appliqué à l'or, sur lequel il eût sans doute aussi bien réussi : que de frais & de peines il m'eût épargnés!

Comme ce procédé est tout à la fois très-fimple, très-peu difpendieux, & très-fûr, il mérite d'être généralement connu; je le donnerai dans le chapitre fuivant.

Je terminerai cet article par une obfervation fur les dangers qui accompagnent l'ufage du fublimé corrofif. *Danger d'employer le fublimé corrofif.*

J'ai dit plus haut, qu'entre autres moyens pour adoucir l'or, pour lequel j'ai été appelé, on avoit tenté d'y projeter du fublimé corrofif: l'artifte n'ayant pris aucune précaution pour fe garantir des vapeurs de ce fel, fut attaqué d'un violent mal de gorge & d'une falivation confidérable, qui lui durèrent fix jours, quoiqu'on ne négligeât aucun des remèdes indiqués, & qu'il fût auffi-tôt fecouru qu'attaqué. La gravité de cet accident m'a engagé à le rapporter ici, afin d'avertir les artiftes qui croiroient devoir employer ce fel de la même manière, qu'ils ne fauroient trop fe prémunir contre les funeftes effets que produifent fes vapeurs.

S E C T I O N   I V.

De l'amalgame de l'or.

L'or eft de tous les métaux celui avec lequel le mercure s'unit le plus facilement. Il suffit que le mercure soit légèrement frotté sur un morceau d'or, ou qu'il séjourne pendant quelque temps dans un vase de ce métal, pour qu'il le dissolve : on observe que l'endroit qui a été touché par le mercure, devient blanc comme de l'argent ; & si la pièce d'or est mince, elle n'a plus de consistance dans cet endroit, & se brise avec la plus grande facilité.

Amalgame
à froid.

L'or s'amalgame donc, comme on le voit, à froid avec le mercure : il suffit qu'il soit réduit en parties très-fines ou en lames très-minces, pour qu'on en puisse faire un amal-

Procédé.

game parfait. Ainsi, si l'on triture dans un mortier de marbre une partie d'or en feuilles, avec sept parties de mercure, on obtiendra une masse pétrissable, une espèce de pâte qui manque de ductilité & de ténacité, mais qu'on peut étendre cependant sur la surface des métaux, pour leur donner la couleur de l'or.

Amalgame
à chaud.

Quoique l'amalgamation de l'or avec le mercure puisse se faire à froid, la chaleur cependant la facilite beaucoup. Pour faire

Procédé.

l'amalgame à chaud, on fait fondre une partie d'or dans un creuset, & on y jette sept parties de mercure ; on agite sur le champ

le mélange avec une verge de fer , & lorfqu’il eft parfait, on le retire du feu ; on verfe
l’amalgame dans une terrine dans laquelle
on a mis de l’eau bouillante , & on le lave
bien, en le pétriffant dans les doigts.

Il faut avoir grand foin de faifir le mo- Remarques.
ment où l’or commence à fe fondre , pour
y jeter le mercure, parce que, fi on atten-
doit qu’il fût totalement fondu & très - chaud ,
le mercure pourroit fauter hors du creufet
avec explofion ; ce qui occafionneroit de la
perte & du danger. Il y a un moyen certain
d’éviter abfolument cet inconvénient, c’eft de
faire chauffer le mercure jufqu’à ce qu’il
commence à s’élever en vapeurs..

On doit auffi éviter très-foigneufement
les vapeurs du mercure qui s’élèvent hors
du creufet pendant qu’on fait l’amalgame.
Les Doreurs font dans l’ufage de fe mettre
une pièce d’or dans la bouche ; & comme
ils l’en retirent toute blanche, ils en con-
cluent qu’elle a retenu tout le mercure qu’ils
ont afpiré : mais c’eft une erreur d’autant
plus dangereufe, qu’elle les met dans une
fécurité perfide; elle ne fert tout au plus que
de preuve qu’ils en ont afpiré. Le vrai, le
feul moyen de fe garantir de ces vapeurs ,

c'eſt d'établir un courant d'air, & de ſe placer ſur le vent.

L'amalgame de l'or eſt employé par les Orfévres à dorer l'argent; c'eſt cette dorure qu'ils nomment *dorure en or moulu*. J'en traiterai dans le chapitre ſuivant, dans lequel je ferai une ſection ſur la dorure.

De l'or en poudre ou en chiffons.

Je place cette préparation à la ſuite de l'amalgame, parce qu'elle ſert, comme lui, à donner à l'argent la couleur de l'or. Je parlerai de ſon application dans la ſection du chapitre ſuivant qui traitera de la dorure.

Pour préparer l'or en poudre, il s'agit de tremper de vieux linges dans la diſſolution d'or par l'eau régale; de les faire bien ſécher, & les brûler dans un creuſet: les particules d'or reſtent mêlées dans la poudre charbonneuſe; & le tout forme une poudre d'un brun un peu rougeâtre.

La dorure faite par le moyen de cette poudre porte le nom de *dorure à l'or en poudre*.

Nota. Je donnerai dans le chapitre ſuivant, immédiatement après la ſection qui traitera de la dorure, un procédé nouveau & très-

commode pour enlever l'or de la surface
de l'argent, pour dédorer l'argent par voie
de diffolution.

SECTION V.

*De l'alliage de l'or avec la platine, des moyens
de le reconnoître, & de ceux qu'on doit employer pour les féparer.*

J'ai dit au mot platine, dans le chapitre
précédent, que cette fubftance métallique
jouit de toutes les propriétés de l'or; qu'elle
réfifte, comme lui, à l'action du feu, à celle
du plomb; que fon diffolvant eft le même;
enfin qu'elle s'allie très-bien avec lui.

Dès qu'on commença à connoître ce métal,
la cupidité en a auffi-tôt abufé; on a profité de fes propriétés pour altérer des lingots
d'or; & cet or allié, ayant foutenu les épreuves
de l'or pur, a été mis dans le commerce &
vendu comme tel.

Il étoit donc néceffaire d'interdire l'ufage
d'un métal avec lequel on pouvoit faire des
fraudes fi préjudiciables; & c'eft ce qu'a fait
la Cour d'Efpagne, dès qu'elle a eu connoiffance de l'abus qu'on en faifoit.

Mais depuis que les Chimiftes ont trouvé

& publié des moyens certains & faciles de
reconnoître la plus petite quantité de platine
mêlée avec l'or, & même de féparer ces deux
métaux l'un de l'autre, dans quelques proportions qu'ils foient unis, on ne peut que
regretter que l'introduction en demeure pro-
hibée. Il eft fâcheux qu'on ne puiffe avoir
ce métal facilement, on eût probablement
trouvé des moyens de le travailler commo-
dément; & il feroit d'une grande utilité dans
la vie civile & dans la Chimie (1).

Parmi les moyens que j'ai indiqués pour
féparer l'or de fon diffolvant, j'ai donné celui
de le précipiter par la diffolution du fer dans
l'acide vitriolique; j'y ai remarqué auffi que
ces diffolutions vitrioliques de fer ne précipitent de l'eau régale aucune autre fubftance
métallique connue, que l'or; ce qui fournit
une méthode très-commode pour le reconnoître.

D'un autre côté, la folution du fel ammoniac dans l'eau, verfée dans une diffolu-

______

(1) Les fieurs Tugot & Daumy, Orfévres de Paris,
ont obtenu, le 20 Juillet 1785, des Lettres patentes
du Roi, qui leur permettent l'emploi de ce métal, qu'ils
font parvenus à fondre en grand.

tion métallique qui contient de la platine, la rend fenfible, telle petite qu'en foit la quantité ; & ce métal eft encore le feul fur qui le fel ammoniac produife cet effet.

Si donc on foupçonne de l'or dans une maffe métallique quelconque, foluble par l'eau régale ; après l'avoir diffoute par ce menftrue, on verfera dans fa diffolution du vitriol vert diffout dans l'eau ; & fi la maffe ne contenoit pas d'or, la liqueur reftera claire, & ne laiffera rien dépofer ; mais fi elle en contient, elle fe troublera, & laiffera précipiter une poudre d'un rouge brun obfcur, qui eft l'or allié à un peu de fer.

Moyen de reconnoître l'or allié à la platine.

Lorfqu'on foupçonne qu'une maffe d'or contient de la platine, il faut de même la diffoudre dans l'eau régale ; on verfera enfuite dans cette diffolution une folution de fel ammoniac dans l'eau : la liqueur, comme dans la précédente expérience, reftera claire & ne formera aucun dépôt, fi l'or ne contient point de platine ; mais s'il en contient, quelle qu'en foit la quantité, elle fe troublera, & la laiffera précipiter.

Moyen de reconnoître la platine alliée à l'or.

Rien fi n'eft facile, comme on le voit, que de reconnoître la préfence de la platine qui fe trouve alliée avec l'or, & de l'en féparer ;

on ne peut donc plus en abuſer pour altérer la pureté de l'or.

On ne ſait encore rien ſur l'hiſtoire naturelle de la platine : quoique ce métal ſoit nouveau pour l'Europe, l'hiſtoire même de ſa découverte eſt auſſi obſcure que celle des métaux de l'uſage le plus ancien. Don Antonio de Vlloa eſt le premier qui en ait fait mention dans la relation de ſon voyage, imprimée à Madrid en 1748 ; mais il n'en dit que peu de choſe, & la repréſente comme une eſpèce de pierre métallique intraitable, & qui empêche même qu'on ne puiſſe exploiter les mines d'or où elle ſe trouve en trop grande quantité. On peut préſumer que le peu d'avantage qui ſembloit en devoir réſulter, à cauſe de ſon peu de fuſibilité, l'a fait négliger d'abord, & que les intentions frauduleuſes auxquelles on a trouvé que ce métal pouvoit s'appliquer, furent cauſe qu'on chercha à en dérober la connoiſſance.

La platine ſe trouve dans les mines d'or de l'Amérique eſpagnole, & en particulier dans celles de *Santafé*, près de *Carthagène*.

S E C T I O N V I.

Des mines d'or.

L'or, n'étant alliable ni avec le foufre ni avec l'arfenic, ne fe rencontre jamais minéralifé, ou s'il l'eft, ce n'eft qu'indirectement par l'union qu'il a contractée avec des métaux naturellement combinés avec ces minéraux. Il fe trouve toujours dans ces mines en fi petite quantité, qu'elles ne peuvent pas mériter le nom de mines d'or.

L'or fe trouve prefque toujours fous fa forme naturelle; quelquefois, mais très-rarement, en maffes; ordinairement en poudre ou en petits grains entremêlés de terre, de fable, ou en petites gouttes & veines, logées dans diverfes pierres colorées du genre des pierres vitrifiables. On le trouve rarement exempt de mélange de quelque autre métal, & particulièrement de l'argent. Cramer obferve que tous les fables contiennent de l'or: mais cet or eft celui qui eft le plus allié d'argent.

Les plus grandes quantités d'or nous viennent des *Indes occidentales efpagnoles*, furtout du *Potoži* & du *Bréfil*.

On le trouve auffi fur les *côtes & territoire*

d'Afrique, & on le rencontre tant dans les mines que dans les fables des rivières.

Il y a quelques cantons de l'Europe qui paroiſſent auſſi fort riches en ce métal. Les mines de la *haute Hongrie* donnent de l'or depuis dix ſiècles ; il y en a auſſi en *Toſcane*. Rouelle prétendoit que les mines d'or du *Comté de Foix* étoient auſſi riches que celles du Pérou, & qu'aucune autre mine connue.

Enfin pluſieurs rivières roulent dans leur ſable une aſſez grande quantité d'or pour que le lavage de ce ſable produiſe un petit profit à ceux qui s'occupent de ce travail. Réaumur comptoit en France dix de ces rivières ; ſavoir, le Rhin, le Rhône, le Doux, la Cèze, le Gardon, l'Arriège, la Garonne, le ruiſſeau de Ferriet, & celui de Bénagues la Salat.

Le titre de l'or de ces rivières eſt depuis dix-huit juſqu'à vingt-deux karats ; celui de la Cèze eſt le plus bas, & celui de l'Arriège eſt le plus fin.

Travail des mines d'or.

Tout le travail pour retirer l'or de ſes mines & l'obtenir pur, conſiſte à ſépare d'abor d'abord les terres & les fables avec lefquels il eft mêlé par le lavage, qui emporte la plus grande partie de ce qui n'eft point or, comme plus léger ; après quoi on fait un fecond lavage avec du mercure, qui s'empare de l'or, en s'amalgamant avec lui, & le fépare exactement de toutes matières terreufes, avec lefquelles il ne peut contracter aucune union.

On exprime après cela ce mercure chargé d'or, à travers des peaux de chamois, dans lefquelles refte l'or, uni encore avec une portion de mercure qu'il a retenue, & dont on le débarraffe facilement en l'expofant à un degré de chaleur convenable : le mercure fe diffipe en vapeurs, & l'or refte au fond du vaiffeau.

C'eft là le fondement de toutes les opérations par lefquelles on retire l'or des mines du Pérou.

C'eft par un pareil travail que les Orfévres retirent l'argent & l'or qui fe trouvent confondus dans les balayures de leurs ateliers, les cendres de leurs forges, les fragmens de leurs creufets, &c., par l'opération de la lavure, à laquelle je renvoie pour les détails.

N

CHAPITRE VI.

De l'argent.

L'ARGENT, appelé aussi *lune* par les Chimistes, est un métal parfait, d'un blanc brillant & éclatant.

Lorsqu'il est bien pur, il n'a ni saveur ni odeur.

Pesanteur spécifique de l'argent. Sa pesanteur spécifique, quoique considérable, est près de moitié moindre que celle de l'or; il perd dans l'eau entre un dixième & un onzième de son poids. Un pied cube d'argent pèse sept cent vingt livres.

Sa ténacité. Sa ténacité est aussi près de moitié moindre que celle de l'or. Un fil d'argent d'un dixième de pouce de diamètre, soutient un poids de deux cent soixante - dix livres, avant de se rompre.

Sa qualité sonore. Il est un peu plus sonore que l'or.

Sa dureté. Sa dureté est un peu plus considérable que celle de ce métal.

Sa ductilité. L'argent est, après l'or, la plus ductile de toutes les substances métalliques; on sait qu'on le tire en fils presque aussi fins, & qu'on le réduit en feuilles presque aussi minces que l'or.

C'eſt à raiſon de ce qu'il a un peu moins de ductilité que l'or, qu'il s'écrouit plus facilement que lui, & qu'on eſt obligé, lorſqu'on le forge, de le recuire plus ſouvent.

L'argent ne reçoit, de même que l'or, aucune altération de l'action, ſoit ſéparée, ſoit combinée, de l'air & de l'eau; il ne ſe charge d'aucune rouille. Mais il n'en eſt pas de même des exhalaiſons qui flottent ordinairement dans l'atmoſphère : la ſurface de ce métal eſt plus ſuſceptible que celle d'aucun autre, de ſe ternir & même de ſe noircir, ſoit par le contact, ſoit par les émanations du phlogiſtique de pluſieurs ſubſtances inflammables, parce qu'il a la propriété de ſe charger, même à froid, de ce principe par ſurabondance, plus qu'aucun autre métal.

Je donnerai, dans un article à part, les moyens de rendre à l'argent ainſi terni ſon premier éclat.

Il ſe fond à un degré de chaleur un peu moindre que l'or; il ſuffit qu'il ſoit rouge preſque à blanc, pour entrer en fuſion.

Comme l'or, l'argent diviſé en petites parties, en limailles, par exemple, a beſoin qu'on y projette du nitre, pour ſe raſſembler dans ſa fuſion.

N ij

Son indestructibilité.

Ce métal est aussi indestructible par l'action du feu, que l'or. Kunckel a tenu de l'argent exposé pendant un mois à un feu de verrerie, sans qu'il ait été altéré, ni qu'il ait souffert de déchet dans son poids.

Sa volatilité.

Cette fixité n'est cependant pas plus absolue que celle de l'or; il s'est volatilisé, comme ce métal, au foyer du miroir ardent, & la fumée qui s'est élevée de sa surface dans cette expérience, reçue sur une plaque de cuivre, l'a argentée, comme l'a observé M. de Fourcroy: d'où ce célèbre Chimiste conclut que l'argent ainsi que l'or sont indestructibles, quoi qu'en puissent dire quelques Chimistes.

La volatilité de l'argent paroît un peu plus grande que celle de l'or; car la suie des forges des Orfévres contient de l'argent. J'ai entendu dire à M. Brogniard, qu'il en avoit vu des masses assez considérables, qui s'étoient attachées à la hotte des forges, à peu près sous la forme de stalactites.

Section première.

Des moyens de diſſoudre l'argent, & de le ſéparer enſuite de ſes diſſolvans.

Tous les acides ſont capables de diſſoudre l'argent avec plus ou moins de facilité ; mais je ne parlerai que des diſſolutions de ce métal par les acides minéraux, les ſeules qu'il importe ici de connoître.

L'acide nitreux eſt le vrai diſſolvant de l'argent. Cet acide, que l'on connoît ſous le nom d'eſprit de nitre ou d'eau-forte, bien pur & médiocrement fort, diſſout l'argent avec facilité. Cette diſſolution ſe fait d'elle-même, ſans le ſecours de la chaleur, ou tout au plus par une chaleur très-douce au commencement, pour la mettre en train ; après quoi il convient de la retirer de deſſus le feu, pour empêcher qu'elle ne continue avec trop de violence, ſur-tout ſi l'on travaille ſur des quantités conſidérables.

Par cette méthode, l'acide nitreux ſe charge de l'argent juſqu'au point de ſaturation, & en diſſout à peu près ſon poids égal, s'il eſt fort. On reconnoît ce point de ſaturation aux ſignes ſuivans.

Action de l'acide ni-
treux ſur l'ar-
gent.

N iij

Signes aux-
quels on re-
connoît que
l'acide ni-
treux eſt ſa-
turé d'ar-
gent.

Tant que l'acide nitreux agit ſur l'argent, il s'exhale de la diſſolution des vapeurs rouges ; mais lorſqu'il eſt entièrement ſaturé, quoiqu'à l'aide de la chaleur la liqueur continue de bouillonner, les fumées qui s'en exhalent ne ſont plus rouges : ce changement de la couleur des vapeurs eſt un ſigne aſſez commode, auquel on peut reconnoître que la ſaturation eſt auſſi complète qu'elle puiſſe l'être.

La ſurface de l'argent commence par ſe noircir dès les premières impreſſions de l'acide nitreux : cette noirceur eſt due à une partie du phlogiſtique de cet acide, qui s'applique, par ſurabondance, à la ſurface de l'argent.

Couleur de
la diſſolution
d'argent.

Si l'argent qu'on fait diſſoudre eſt allié d'un peu de cuivre, la diſſolution eſt verte, & conſerve cette couleur : s'il eſt abſolument exempt de cuivre, la diſſolution ſera toujours d'abord de couleur verdâtre ; mais cette couleur ſe diſſipe peu à peu, & la liqueur devient très-blanche.

Or dans
l'argent.

Il eſt très-ordinaire de voir auſſi des flocons noirs, auxquels l'acide nitreux ne touche point, ſe ſéparer de l'argent, & ſe précipiter pendant ſa diſſolution. Ces flocons ſont un peu d'or, dont rarement l'argent eſt entièrement exempt.

La diſſolution d'argent par l'acide nitreux eſt plus âcre & plus corroſive que l'acide nitreux pur ; elle ronge & corrode toutes les matières végétales ou animales, & fait ſur la peau des taches noires qui ne s'effacent que par l'uſure & l'abraſion de la partie noircie.

Lorſque l'acide nitreux avec lequel on fait diſſoudre l'argent eſt fort ; ou en faiſant évaporer cette diſſolution juſqu'à un certain point après qu'elle eſt faite, il s'y forme, par le refroidiſſement, une grande quantité de criſtaux blancs, en forme d'écailles, auxquels on a donné le nom de *criſtaux de lune* ; c'eſt un ſel nitreux qui a l'argent pour baſe.

Criſtaux de lune.

Ce ſel ſe fond à une très-douce chaleur, & perd aiſément l'eau de ſa criſtalliſation : il devient tout noir, ſe congèle par le refroidiſſement, & peut ſe mouler : c'eſt alors le fameux cauſtique connu en Chirurgie ſous le nom de *pierre infernale*.

Le nitre lunaire fuſe ſur les charbons ardens. Pouſſé au feu, il ſe décompoſe aſſez facilement : l'acide nitreux quitte l'argent, qui reparoît ſous ſa première forme.

N iv

Premier moyen de féparer l'argent de l'acide nitreux.

Cette décompofition du nitre lunaire par la feule action du feu, offre un moyen de féparer l'argent de fon diffolvant, mais trop embarraffant pour être mis en pratique.

2ᵉ. Moyen.

Les alkalis fixes & volatils, & les terres abforbantes ayant plus d'affinité avec l'acide nitreux que n'en a l'argent, font encore très-propres à opérer la féparation de ce métal, en le précipitant : mais les premiers rendent l'opération fort difpendieufe ; & en employant les fecondes, la fonte devient difficile, on a de la peine à raffembler parfaitement tout l'argent ; il faut lui donner un coup de feu très-fort, & y projeter beaucoup de nitre à plufieurs reprifes.

3ᵉ. Moyen.

Plufieurs métaux ont auffi plus d'affinité avec l'acide nitreux, que n'en a l'argent, & font par conféquent capables de le précipiter

Moyen qui mérite la préférence.

de fa diffolution. Parmi ceux des métaux qui jouiffent de cette propriété, le cuivre eft celui qu'on préfère pour cette opération, par la raifon que c'eft celui qu'on a coutume d'allier à l'argent, & que ce dernier retient toujours une certaine quantité du métal qui a fervi à fa précipitation.

Procédé.

Pour opérer, par l'intermède du cuivre, la décompofition de la diffolution d'argent par l'acide nitreux, on la verse dans une terrine de grès, on l'étend de trente à quarante fois son volume d'eau, on coule au fond de la terrine une plaque de cuivre rouge bien nette, & on laisse le tout en repos pendant quarante-huit heures. Au bout de ce temps, on décante la liqueur, & on trouve dans le fond de la terrine tout l'argent rassemblé autour de la plaque de cuivre, sous sa forme & son brillant métallique. Cet argent n'a besoin que d'être bien lavé, pour lui enlever toute la dissolution cuivreuse qui le salit: on le fait ensuite sécher, & on le fond en y projetant un peu de nitre pour l'aider à s'assembler.

C'est ainsi que la plupart des Orfévres rassemblent l'argent dans l'opération du départ par l'eau-forte: ce procédé est, sans contredit, le meilleur qu'on puisse employer. J'entrerai un peu plus dans les détails, dans l'article qui traitera spécialement de ce départ.

Quelques Orfévres, au lieu de se servir d'une terrine au fond de laquelle ils ont placé une plaque de cuivre rouge, préfèrent de verser leur dissolution étendue d'eau, dans un chaudron de ce métal. Cette manière d'opérer revient à la première ; elle mérite peut-être une forte de préférence, en ce qu’on eſt à l’abri des accidens que peut occaſionner la fragilité des terrines, & que la précipitation de l’argent s’y fait un peu plus promptement.

Divers moyens uſités pour opérer cette ſéparation. La lenteur de la précipitation de l’argent dans l’opération précédente, a fait chercher à ſe la procurer par des moyens plus expéditifs.

C’eſt dans cette vue que quelques Orfévres font chauffer leur diſſolution dans un chaudron de cuivre, & y jettent de la crême de tartre, qui fait précipiter ſur le champ l’argent en une poudre blanche. Le tartre n’agit point ici comme tartre, mais comme alkali fixe ; l’acide nitreux le décompoſe, il s’unit à ſa baſe alkaline, & abandonne l’argent. C’eſt donc ici proprement une décompoſition de la diſſolution d’argent par l’alkali fixe, & qu’il feroit bien plus ſimple de faire tout uniment par cette ſubſtance ſaline : on éviteroit même la néceſſité de faire chauffer la liqueur.

Enfin pluſieurs Artiſtes pompent toute la diſſolution avec des chiffons ou des paquets de filaſſe, qu’ils brûlent enſuite, & fondent la cendre qui en réfulte, en y projetant du nitre pour affembler l'argent. Cette méthode eft affez bonne lorfqu'on opère en petit, mais en grand elle devient bien embarraffante, par la quantité de chiffons ou de filaffe qu'on confomme pour abforber toute la liqueur.

De toutes ces manières de féparer l'argent de l'eau-forte, je regarde la précipitation par le cuivre comme la plus commode, la moins difpendieufe, enfin comme la meilleure.

L'acide vitriolique n'a aucune action fur l'argent, tant qu'il eft en maffe & que cet acide eft froid: mais fi l'on foumet à l'action du feu, dans une cornue, un mélange d'acide vitriolique & d'argent réduit en lames très-minces, ou en fils très-déliés, ou en grenaille très-fine, l'argent fe diffout complètement; on trouve au fond de la cornue un *vitriol d'argent* très-peu foluble dans l'eau.

En voyant la grande facilité avec laquelle l'acide nitreux attaque l'argent, tandis que l'acide vitriolique le diffout avec tant de peine, qui ne croiroit que ce métal auroit plus d'affinité avec le premier qu'avec le dernier de ces acides? Et cependant c'eft précifément le contraire. Si dans une diffolution d'argent par l'acide nitreux, on verse de l'acide vitriolique, celui-ci enlevera l'argent à l'autre, & formera un vitriol d'argent, qui, à raison de son peu de solubilité dans l'eau, se précipitera sous la forme de cristaux, mais si petits, qu'ils ont, à la vue simple, l'air d'une poudre blanche assez pesante, & qui gagne fort promptement le fond du vase.

Cette affinité de l'acide vitriolique avec l'argent, & l'insolubilité du vitriol qui en résulte, font de ces deux substances des espèces de pierre de touche, pour reconnoître dans toutes les liqueurs la présence de l'une ou de l'autre d'entre elles. Lorsqu'on veut s'assurer si une liqueur contient ou non de l'acide vitriolique, on n'a qu'à y verser quelques gouttes de dissolution d'argent, & la présence ou le défaut du vitriol d'argent indiquera l'existence ou la non existence de cet acide dans la liqueur. C'est ainsi qu'en versant quelques gouttes de dissolution d'argent dans une eau-forte dont on veut éprouver la pureté, on s'assure si elle ne contient pas d'acide vitriolique, & qu'on la dépouille même de celui qui peut y être mêlé, en continuant à y verser cette dissolution jusqu'à ce qu'il ne se forme plus de précipité.

Moyen de reconnoître la présence de l'acide vitriolique dans toute liqueur, & notamment dans l'eau-forte, & de l'en séparer.

L'acide marin n'a point d'action sur l'argent, tant qu'il est en masse (1); mais, de même que le précédent, il se combine très-facilement avec lui, lorsqu'il est tenu en dissolution par l'acide nitreux, & cela parce qu'il a, comme lui, une plus grande affinité avec ce métal, que celle qu'a l'acide nitreux.

Il suffit de verser l'acide marin, ou même les sels neutres qu'il forme, tels que le sel marin, le sel ammoniac, & autres, dans la dissolution nitreuse d'argent : on voit sur le champ la liqueur se troubler par des flocons blancs qui s'attachent les uns aux autres, & forment comme une espèce de caillé qui nage dans la liqueur, & se dépose fort lentement au fond du vase. Ces flocons font un nouveau composé, qui est un sel marin à base d'argent, connu en Chimie sous le nom de *lune cornée*.

La lune cornée est presque insoluble dans l'eau.

Ce sel est demi-volatil; si on l'expose au

---

(1) M. Bayen a découvert que l'acide marin agit sur l'argent & le peut dissoudre, même dans son état d'agrégation. Voyez la séparation de l'argent d'avec l'étain, section 3ᵉ.

Sa fusibilité.

feu dans un creuset ouvert, il se sublime ; si on l'y expose dans un creuset exactement fermé, il ne se volatilise pas, il entre en fusion à un degré de chaleur un peu supérieur à celui de l'eau bouillante, & il se coagule, par le refroidissement, en une masse demi-transparente & demi-flexible, qui a quelque ressemblance avec la corne, d'où lui vient son nom : mais si on pousse le feu jusqu'à faire rougir le creuset, il le pénètre : il n'est alors aucun vaisseau qui puisse le contenir, pas même ceux de verre.

Ce qui se passe dans cette dissolution de l'argent par l'acide marin, nous démontre que quoique cet acide dissolve plus difficilement l'argent, que ne le fait l'acide nitreux ; il a néanmoins avec ce métal plus d'affinité que lui, ainsi que nous l'avons observé à l'égard de l'acide vitriolique ; il l'emporte même sur ce dernier : car si dans une dissolution d'argent par l'acide vitriolique, on verse de l'acide marin, il s'emparera du métal, & le précipitera en lune cornée.

Différence entre l'apparence extérieure du vitriol d'argent & de celle de la lune cornée.

Pour peu qu'on fasse attention à la forme des précipités qu'occasionnent les acides vitriolique & marin, en s'emparant de l'argent tenu en dissolution par l'acide nitreux, on

les diftinguera facilement à l'œil, par l'apparence pulvérulente du premier, & la promp-
titude avec laquelle il fe dépofe, bien différentes de l'efpèce de caillé que forme le fecond, & de la lenteur avec laquelle il gagne
le fond du vafe. Il eft impoffible de les confondre, quand on a l'habitude de les obferver.

L'affinité de l'argent avec l'acide marin, la
propriété qu'il a de fe combiner avec lui
par préférence à tous les acides cónnus, &
l'infolubilité de la lune cornée, qui fe précipite au milieu de la plus grande quantité
d'eau, rendent ce métal très-propre à déceler
la préfence de cet acide dans une liqueur
quelconque, fi petite que puiffe être la proportion dans laquelle il y eft mêlé : c'eft la
meilleure pierre de touche pour effayer le
degré de pureté de l'acide nitreux ou eau-
forte.

Moyen de reconnoître la préfence de l'acide marin dans toute liqueur, & notamment dans l'eau-forte, & de l'en féparer.

Lorfqu'on veut s'affurer fi une eau-forte
eft plus ou moins chargée d'acide marin, on
y verfe de la diffolution d'argent par l'acide
nitreux très-pur : fi l'eau-forte ne contient
point d'acide marin, elle ne fe trouble pas,
il ne s'y forme aucun précipité ; le contraire
arrive lorfqu'elle en contient, & le préci-

pité est d'autant plus abondant que cet acide y abonde plus lui-même.

Si l'on continue à verser sur l'eau-forte de la diffolution d'argent jufqu'à ce qu'elle ceffe d'y occafionner un précipité, on parvient à la débarraffer abfolument du mélange de l'acide marin, & même de celui de l'acide vitriolique, comme nous l'avons dejà obfervé. Cette eau-forte, qui eft alors de l'acide nitreux abfolument pur, porte le nom d'*eau-forte précipitée*.

Eau-forte précipitée.

On fent que ce moyen de purifier l'eau-forte ne peut être mis en ufage que pour celle qu'on deftine à la diffolution de l'argent; il n'eft guère mis en œuvre que dans les laboratoires de Chimie & dans les Monnoies.

Le mercure ayant, de même que l'argent, la propriété de s'unir aux acides marin & vitriolique, par préférence à l'acide nitreux, peut auffi fervir à la précipitation de l'eau-forte : cette méthode eft tout auffi bonne & moins difpendieufe que la précédente.

Moyen de féparer l'argent de toute fubftance métallique quelconque, & de l'obtenir parfaitement pur.

L'infolubilité de la lune cornée fournit un moyen de féparer l'argent de tout le cuivre qu'il contient, & généralement de l'alliage de toutes les fubftances métalliques qui forment

avec

vec l'acide marin des sels très-solubles ou
éliquescens.

Pour cela, après avoir dissous l'argent allié,
ans l'acide nitreux, on verse dans cette disso-
ation, de l'acide, ou une solution de sel
marin, jusqu'à ce qu'il ne se fasse plus de
récipité ; on laisse bien déposer la lune
cornée, & après avoir décanté la liqueur,
on lave le précipité, pour enlever absolument
out l'acide nitreux chargé des substances
métalliques qui altéroient la pureté de l'argent; on met ensuite égoutter sur un filtre la
lune cornée, & lorsqu'elle est bien séchée,
on en revivifie l'argent de la manière que je
le dirai incessamment.

Cet argent est absolument pur, & exempt
du mélange de toute autre substance métallique; il ne contient pas un atôme de cuivre
ni de fer, qui, formant avec l'acide nitreux
ainsi qu'avec l'acide marin, des sels déliques-
cens, sont restés en dissolution dans la liqueur,
& ont été enlevés par la décantation & par
le lavage; il ne contient ni or, ni platine, ni
aucune des substances métalliques qui ne sont
dissolubles que par l'eau régale; c'est enfin
de l'argent dans le plus grand degré de pureté possible.

O

Les moyens de décompofer la lune cornée
pour en retirer l'argent, font différens de
ceux employés pour opérer la décompofition
de la diffolution nitreufe de ce métal &
du nitre lunaire : l'infolubilité de ce fel
s'oppofe à fa décompofition par le cuivre,
& fa volatilité empêche qu'on ne puiffe l'opérer par l'adion du feu. On a donc recours
à d'autres moyens, parmi lefquels je choifirai
les fuivans, qui font les feuls en ufage,
comme les plus commodes & les moins
difpendieux.

　Le premier confifte à mêler une partie de
lune cornée très-fèche avec quatre parties
d'alkali fixe auffi très-fec ; on met ce mélange dans un creufet exadement couvert ;
on le place au milieu des charbons ; on le
fait d'abord rougir médiocrement, & on
l'entretient à ce degré de chaleur jufqu'à ce
qu'on juge que l'alkali fixe a décompofé totalement le fel marin à bafe d'argent, en fe
combinant avec fon acide ; on augmente alors
le feu, & on pouffe à la fonte : après avoir
laiffé refroidir le creufet, on le caffe, & on
fépare d'un coup de marteau le régule d'argent, des fcories falines qui le recouvrent.

　Le fecond procédé confifte à fubftituer l

avon noir à l'alkali fixe, & à en faire une
pâte avec la lune cornée ; on met cette pâte
dans un creuset au milieu des charbons ; on
ne la chauffe d'abord que médiocrement, &
feulement autant qu'il faut pour lui enlever
toute fon humidité : lorfqu'après l'avoir fait
rougir obfcurément, elle ceffe de fumer, on
couvre le creufet, on pouffe à la fonte, &
on procède, quant au refte, comme dans l'opération précédente.

Ce dernier procédé eft fondé, comme l'autre,
fur l'affinité de l'alkali fixe avec l'acide marin ; il lui reffemble parfaitement quant à
l'effet ; mais il m'a paru préférable : j'ai conf-
tamment obfervé qu'il occafionnoit moins
de déchet.

J'ai réuffi auffi, par un procédé bien plus 3e. moyen.
fimple que les deux précédens, à revivifier
l'argent de la lune cornée.

J'ai projeté ce fel dans une leffive alkaline
bouillante : l'alkali fixe s'eft emparé de l'acide
marin, & l'argent s'eft précipité au fond du
vafe.

En fondant enfuite cet argent avec du
nitre, je l'ai obtenu dans le plus grand état
de pureté poffible, & fans déchet.

Quoique l'acide marin n'attaque point l'argent, tant qu'il eſt en liqueur, & ce métal en maſſe, nous verrons cependant, dans l'opération du départ concentré, qu'il le diſſout parfaitement lorſqu'il eſt réduit en vapeurs, & que l'argent eſt en état d'incandeſcence.

L'eau régale n'a pas plus d'action ſur l'argent, que l'acide nitreux n'en a ſur l'or : c'eſt ſur ces propriétés que ſont fondés le départ par l'eau-forte & le départ inverſe.

L'argent ſe combine avec le ſoufre, & forme avec lui une maſſe noirâtre, reſſemblante à peu près à du plomb. Comme le ſoufre n'a aucune action ſur l'or, cette propriété fournit un moyen de ſéparer ces deux métaux, connu ſous le nom de départ ſec.

Rien n'eſt plus facile que de revivifier l'argent ainſi uni au ſoufre ; il ſuffit de le tenir en fuſion avec le libre concours de l'air extérieur ; le ſoufre ſe brûle, & l'argent reſte pur au fond du creuſet.

Cette réduction ſe fait auſſi très-commodément en faiſant détoner l'argent ſulphuré avec du nitre : la ſéparation ſe fait en un inſtant.

Le foie de ſoufre diſſout l'argent comme il diſſout l'or, par la voie ſèche, au point de le rendre ſoluble dans l'eau, & de le faire paſſer avec lui à travers le filtre. Si l'on verfe un acide dans cette liqueur, le foie de foufre fe dé-compofe, & l'argent & le foufre fe préci-pitent enfemble.

La vapeur du foufre & celle du foie de foufre communiquent toujours à l'argent une couleur noire.

S E C T I O N I I.

Des divers alliages de l'argent ufités dans l'Orfévrerie.

Les alliages dont je traiterai dans cette fection, font ceux de l'argent avec l'or, avec le cuivre, le plomb, le mercure, & l'étain; ce font les feuls qu'on a coutume de faire, ou qu'on rencontre faits, foit naturellement, foit par accident, les feuls par conféquent dont la connoiffance entre dans le plan de cet ouvrage.

L'or s'unit à l'argent dans toutes propor-tions, comme nous l'avons déjà vu à l'article qui traite du premier. Ces métaux alliés perdent fort peu de leur duétilité; mais ils acquièrent de la roidenr & de l'élafticité : une vingtième partie d'argentt rend l'or fen-fiblement pâle.

Alliage de l'argent avec l'or.

O iij

Ses usages.   Cet alliage est peu d'usage dans l'Orfévrerie ; on ne l'emploie guère que pour fonder l'or, pour préparer celui des Emailleurs, & pour donner à l'or les diverses nuances pâles, jaunes, & vertes, qu'on applique depuis quelque temps sur les tabatières, les boîtes de montres, les étuis, & autres bijoux en or. Il a été long-temps usité dans les Monnoies ; mais il y est absolument abandonné.

Avec le cuivre.   Le cuivre rend l'argent plus dur, plus sonore, sans cependant diminuer sensiblement sa ductilité ; il le rend moins susceptible de perdre sa malléabilité par la vapeur du charbon, ce à quoi il est très-sujet.

Ses usages.   Les propriétés du cuivre, relativement à l'argent, rendent l'alliage de ces deux métaux d'un très-grand usage dans l'Orfévrerie & dans les Monnoies, parce qu'il rend les ouvrages qu'on en forme, plus fermes & plus propres à être travaillés.

La quantité de cuivre qu'on allie avec l'argent, varie suivant les différens pays ; mais elle est où doit être déterminée, fixe, & constante dans chaque pays. En France, le titre de l'argent est à onze deniers douze grains, au remède de deux grains.

L'alliage du cuivre & de l'argent sert de
soudure pour ce dernier; on les mêle, pour
remplir cet objet, dans des proportions re-
latives au degré de fusibilité qu'on a besoin
de communiquer à la soudure : on fait dans
les ateliers des soudures qui contiennent depuis un huitième jusqu'à un tiers de cuivre;
on en a à plusieurs degrés, & on les marque
pour les reconnoître.

L'alliage du cuivre & de l'argent est d'une *Sa pesan-*
pesanteur spécifique plus grande que les rè- *teur.*
gles de proportion ne semblent l'indiquer.

Le fer s'allie bien avec l'argent : cet alliage *Avec le fer.*
n'est d'aucun usage ; cependant, comme l'ar-
gent facilite la fusion du fer, il semble que
cet alliage pourroit servir à souder les petits *Ses usages.*
ouvrages de fer & d'acier, tout aussi bien que
celui de l'or.

L'étain agit sur l'argent, comme il le fait *Avec l'étain.*
sur l'or, c'est-à-dire, qu'il le rend aigre &
cassant, en si petite quantité qu'il lui soit
allié ; sa vapeur même est capable d'enlever
la ductilité à une grande quantité de ce métal.
On évite donc, autant qu'on le peut, l'alliage
de ces deux métaux.

Le plomb s'allie à l'argent en toutes pro- *Avec le*
portions : cet alliage sert à purifier l'argent, *plomb.*

comme nous le verrons en traitant de la coupellation.

Des moyens de reconnoître la pureté de l'argent.

Ceux qui font accoutumés à l'infpection de l'argent diverfement allié, peuvent juger à peu près, par la couleur de toute maffe donnée, la proportion de l'alliage.

On en juge encore mieux, en touchant fur la pierre l'alliage dont on veut connoître les proportions, à côté d'une autre touche faite avec de l'argent dont on connoît le titre, & qu'on eftime être celui de la pièce qu'on effaye.

La pefanteur fpécifique ne peut pas être d'un grand fecours pour déterminer les proportions de l'alliage du cuivre avec l'argent, vu que celle de ces deux métaux n'eft pas affez différente, pour qu'elle puiffe être bien fenfible lorfque le cuivre n'eft uni qu'en petite quantité à l'argent ; & que de plus, comme nous venons de le voir, la pefanteur de cet alliage eft plus confidérable que les règles de l'alliage ne femblent l'indiquer.

On reconnoît jufqu'à un certain point la pureté de l'argent allié au cuivre, en le faifan rougir fur des charbons ardens; il noircit plus ou moins à fa furface. L'argent pur ne change point abfolument de couleur.

Mais fi toutes ces méthodes peuvent faire connoître que l'argent eft plus ou moins mêlé de cuivre, aucune ne peut déterminer les proportions refpectives de ces métaux dans une maffe quelconque ; ce n'eft que par les différens affinages qu'on peut parvenir à s'affurer du titre de l'argent ; & parmi ces opérations, la coupellation par le plomb eft la meilleure, la feule dont le réfultat foit certain & invariable, lorfqu'on y procède avec toute l'attention requife.

S E C T I O N I I I.

Des moyens de féparer l'argent d'avec les fubf-tances métalliques auxquelles il peut être allié.

On donne, en Chimie & dans plufieurs Arts, le nom d'affinage aux différentes opérations qu'on met en pratique pour la purification de quelques fubftances, & particulièrement pour celle de l'or & de l'argent ; mais dans l'Orféverie, chacune de ces opérations eft défignée par un nom particulier,

& le nom d'affinage eſt ſpécialement affecté
à la purification de l'argent par le nitre.

Affinage de
l'argent par
la ſeule ac-
tion du feu. A la rigueur, l'argent étant indeſtructible
par l'action du feu, on pourroit le purifier
de l'alliage de tous les métaux imparfaits,
en le tenant en fuſion avec le libre accès
de l'air, pendant un temps ſuffiſant pour vo-
latiliſer ou détruire par la calcination, ſuivant leur nature, toutes les ſubſtances métalliques imparfaites dont le mélange altère
ſa pureté. Mais ce moyen, le premier & le
ſeul qui ait été employé pendant long-temps,
eſt actuellement abandonné, à cauſe de la
longueur de l'opération.

De l'affinage de l'argent par le nitre.

L'affinage de l'argent par le nitre eſt fondé
ſur la propriété que nous avons reconnu qu'a
ce ſel de réduire en chaux les métaux imparfaits. Ce moyen de purifier l'argent eſt le
plus uſité, comme le plus commode, le plus
prompt, & le moins diſpendieux. On y procède de la manière ſuivante.

Procédé. On ſtratifie de la limaille d'argent ou de
la grenaille bien menue, avec un cinquième
de ſon poids de nitre de trois cuites, réduit

en poudre, dans un creuſet auquel on adapte
un autre creuſet percé dans ſon fond d'un
petit trou ; on lute exactement la jointure
des deux creuſets avec l'argile détrempée ;
on-place l'appareil dans le fourneau de fuſion,
& on donne un degré de feu capable de
faire bien rougir le mélange ; on entretient
le feu en cet état aſſez long-temps pour que
le nitre puiſſe calciner tout le cuivre qui
altéroit l'argent : alors on augmente aſſez le
feu pour faire entrer l'argent en bonne fuſion ; puis on retire les vaiſſeaux du fourneau, on caſſe le creuſet lorſqu'il eſt refroidi,
& on trouve dans ſon fond l'argent en culot,
recouvert d'une ſcorie alkaline de couleur
verte, qu'on en ſépare d'un coup de marteau.

Dans cette opération, le nitre, par l'effet
de ſa détonation, ſépare les métaux imparfaits de leur phlogiſtique, les calcine : à meſure qu'ils ſont réduits en chaux, ils ſe ſé-
parent de l'argent, avec lequel ils ne peuvent
plus reſter unis, par le principe que nous
avons poſé, que les ſubſtances métalliques
en fuſion ne peuvent contracter d'union avec
les terres & chaux, pas même avec la leur ;
ces chaux étant auſſi ſpécifiquement plus

légères, montent au-deſſus de l'argent, où elles forment une ſcorie avec l'alkali du nitre qu'elles y rencontrent. L'argent, au contraire, qui réſiſte très-bien à l'action du nitre, ſe trouve ainſi débarraſſé de ſon alliage, purifié du mélange de toute ſubſtance métallique étrangère, excepté l'or.

Comme cette purification de l'argent ne ſe fait qu'autant que le nitre détone avec les métaux qui lui ſont alliés, & que cette détonation eſt toujours accompagnée de gonflement & d'efferveſcence, il eſt néceſſaire que le creuſet ne ſoit plein qu'aux deux tiers, & que le mélange ne ſoit point enfermé trop exactement, ſans quoi l'efferveſcence ſeroit capable de briſer les vaiſſeaux, & l'on perdroit une bonne partie de la matière : c'eſt par cette raiſon qu'on pratique le petit trou au fond du creuſet qui ſert de couvercle.

Ce petit trou eſt auſſi fort utile pour faire connoître le degré convenable du feu pendant l'opération : pour cet effet, on préſente à ſon orifice un charbon ardent; ſi l'on voit une lueur brillante autour de ce charbon, & qu'on entende en même temps un ſifflement léger, c'eſt une marque que l'opération va bien ; il faut foutenir le feu au même degré : fi la flamme & le fifflement font confidérables, c'eft une marque certaine que la détonation du nitre, qui les occafionne, fe fait avec trop de violence ; il faut alors diminuer beaucoup le feu, fans quoi une trèsgrande partie du nitre feroit enlevée, & emporteroit avec elle une portion notable de l'argent, qui feroit perdue ; & même, quelques précautions qu'on puiffe prendre, il n'eft guère poffible d'éviter qu'il n'y ait quelque déchet fur ce métal ; on en trouve toujours quelques grenailles dans le creufet fupérieur & autour de fon petit trou. Cet inconvénient eft caufe qu'on ne peut faire fervir cette opération à l'effai & à la détermination du titre de l'argent, & qu'on eft obligé d'avoir recours à la coupellation.

La purification de l'argent par le nitre a néanmoins fes avantages ; elle eft plus prompte & plus expéditive que la coupellation ; le déchet eft peu confidérable, & l'argent trèspur, lorfqu'on apporte toutes les attentions convenables en opérant. C'eft fur-tout de la conduite du feu que dépend fon fuccès. On peut revoir, à ce fujet, ce qui a été dit en

traitant de la purification de l'or par l'antimoine.

Quelques Auteurs prescrivent d'ajouter au
nitre une demi-partie de potasse & un peu
de verre ordinaire : mais ces additions, la
dernière sur-tout, sont parfaitement inutiles ;
le nitre suffit, quand l'opération est bien conduite.

Choix du nitre. Quelques Orfévres, croyant économiser,
sont dans l'usage de se servir du nitre de
première cuite : mais outre qu'il n'y a point
d'économie réelle, puisqu'ils sont obligés
d'en employer un tiers, tandis qu'un cinquième suffit lorsqu'on se sert du nitre de
trois cuites, ce qui revient exactement au
même quant au prix ; la grande quantité
de sel marin qu'il contient le doit faire bannir
de cette opération, puisque, comme je l'ai
déjà dit, & comme nous le démontrera l'opération du départ concentré, l'acide marin
réduit en vapeurs attaque l'argent, & le convertit en lune cornée, qui, se dissipant à mesure qu'elle se forme, ne peut qu'occasionner
un déchet d'autant plus considérable que
l'opération aura été mieux gouvernée, le feu
mieux ménagé.

Du départ.

Le départ est une opération par laquelle on sépare l'or de l'argent.

Comme ces deux métaux résistent aussi bien l'un que l'autre à l'action du feu & à celle du plomb, il faut avoir recours à d'autres moyens pour les séparer. Il n'y auroit pas moyen d'opérer cette séparation, si l'argent résistoit à tous les dissolvans qui n'ont point d'action sur l'or, ou si ce métal, de son côté, cédoit à tous ceux qui attaquent l'argent : mais il n'en est point ainsi. L'acide nitreux, l'acide marin, le soufre, qui, comme nous l'avons vu, ne peuvent dissoudre l'or, attaquent au contraire l'argent avec une très-grande facilité, tandis que l'eau régale, qui n'a aucune action sur ce dernier métal, est le dissolvant de l'or ; & ces quatre agens fournissent autant de moyens de séparer l'argent de l'or, ou de faire l'opération du départ.

Celui par l'acide nitreux ou eau-forte est le plus commode, & à cause de cela le plus usité ; c'est même presque le seul qui soit pratiqué dans l'Orfévrerie & dans les Monnoies : il se nomme, pour cette raison, simplement *départ*. Je le nommerai *départ par*

l'eau-forte, pour le diſtinguer des autres dé‑
parts dont j'ai à traiter.

Le départ par l'acide marin porte le nom
de *départ par cémentation*, parce qu'il ne peut
ſe faire que par ce moyen : il porte auſſi le
nom de *départ concentré*, à cauſe de l'état de
concentration ſous lequel on y emploie l'acide
marin.

Celui par le ſoufre ſe fait par la fuſion,
que les Chimiſtes appellent la voie ſèche :
c'eſt ce qui lui a fait donner le nom de *dé‑
part ſec.*

On nomme enfin *départ inverſe*, celui dans
lequel, au lieu de diſſoudre l'argent par l'a‑
cide nitreux, pour le ſéparer de l'or qui reſte
intact au fond du vaiſſeau, on diſſout, au con‑
traire, l'or par l'eau régale, qui, n'attaquant
point l'argent, le laiſſe dans le même état
qu'eſt demeuré l'or dans le départ par l'eau‑
forte.

Du départ par l'eau-forte.

On réduit en grenailles la maſſe d'argent
allié d'or dont on veut faire le départ ; on la met
dans un matras à cul plat, & l'on verſe deſſus
environ une fois & demie ſon poids d'eau‑
forte de moyenne force ; on aide la diſſolution
ſur-tou

fur-tout dans le commencement par la chaleur, en plaçant les matras fur quelques charbons allumés, qui ne brûlent que foiblement,
faute d’un courant d’air. Lorfque, malgré la
chaleur, on n’aperçoit plus aucun figne de
diffolution, on décante la liqueur ; on verfe
une petite quantité de nouvelle eau-forte
qu’on fait bouillir fur le réfidu, & qu’on
décante comme la premiere fois. Il eft même
d’ufage de faire bouillir une troifieme fois
de l’eau-forte fur le métal qui refte, pour
être bien affuré qu’on a diffout exactement
tout l’argent ; on lave enfuite l’or à plufieurs
reprifes dans beaucoup d’eau ; on met cette
eau des lavages avec la diffolution d’argent,
dans une terrine ; on les étend de beaucoup
d’eau ; on coule au-fond de la terrine une
plaque de cuivre, & on laiffe le tout re-
pofer pendant quarante-huit heures : au bout
de ce temps, on décante la liqueur de deffus
le cuivreau, fur lequel on trouve tout l’argent
dépofé fous fon brillant métallique, & affec-
tant une forte de criftallifation régulière. On
lave ce dépôt à plufieurs reprifes, & on le
fond en l’affemblant avec le nitre.

Cet argent, lorfque le départ a été bien
fait, eft très-pur ; il fe nomme *argent de départ*.

On donne le même nom à l'or qu'on a obtenu, &, qui après avoir été fondu avec un peu de nitre, eſt auſſi abſolument pur, lorſque l'opération a été faite avec toutes les attentions dont je viens de parler.

Cette méthode eſt celle qu'on a coutume d'employer à la ſéparation de l'or d'avec l'argent, lorſqu'on ne veut que ſe procurer ces deux métaux à part ; mais ſi l'on veut connoître au juſte leurs proportions reſpectives, il faut alors agir avec un peu plus de précaution.

Lors donc qu'on veut faire le départ pour eſſai, ordinairement on le fait en petit de la manière ſuivante.

Procédé du départ pour eſſai, On commence par réduire le métal allié en lames minces qu'on roule en cornets ; on met ces cornets dans un petit matras ou dans une fiole à médecine ; on verſe par-deſſus de l'eau-forte affoiblie d'eau pure en trop grande quantité plutôt qu'en trop petite ; on place le matras ſur les charbons, & on fait chauffer aſſez rapidement, juſqu'à ce que l'efferveſcence annonce que la diſſolution ſe fait avec aſſez de vigueur : lorſque l'eau-forte ne travaille plus (ce qu'on reconnoît, 1°. en retirant le matras de deſſus le feu, parce u'alors l'ébullition cesse dès que la chaleur commence à diminuer ; 2°. par l'absence des vapeurs rouges), on décante la dissolution ; on passe sur les cornets, comme dans le départ précédent, de l'eau-forte affoiblie, à plusieurs reprises, & on lave de même l'or dans l'eau pure ; enfin on verse une partie de l'eau du dernier lavage avec les cornets, dans un petit creuset qu'on fait rougir sous une moufle.

Dans ces deux départs, l'or se trouve terni   Remarques. & noirci vraisemblablement par le phlogistique de l'acide nitreux ; mais le recuit lui rend sa couleur naturelle.

Les cornets, au sortir de l'opération, se brisent avec la plus grande facilité ; les parties de l'or qui les forment, n'ont presque point d'adhérence entre elles, à cause des interstices qu'a laissés l'argent qui a été dissous ; ils prennent dans le recuit beaucoup de retraite, à raison du rapprochement de leurs parties : ces morceaux d'or se trouvent après cela beaucoup plus solides ; en sorte qu'on peut les manier facilement sans les briser. Cet or se nomme *or en cornets* : on évite de le faire fondre, & on lui conserve cette forme, pour faire connoître que c'est de l'*or de départ*.

La raiſon pour laquelle on réduit ainſi l'or en cornets pour les expériences d'eſſai, c'eſt qu'on le recueille plus facilement, & qu'on court moins de riſque d'en perdre, lorſqu'il eſt ainſi en petites maſſes, que s'il étoit en poudre.

C'eſt auſſi pour cela qu'on affoiblit l'eau-forte, lorſqu'on procède à la repriſe ou extraction des dernières portions d'argent que retient le cornet : ſans cette précaution, les parties de l'or ne manqueroient point d'être défunies & réduites ſous la forme d'une poudre, à cauſe de l'activité avec laquelle ſe feroit la diſſolution, & par-là plus difficiles à raſſembler ſans perte (1).

Rien n'eſt ſi facile, lorque le départ a été fait avec toutes les attentions décrites, que de ſavoir au juſte la quantité d'or que contenoit l'argent qu'on a ſoumis à cette opéra-

____

(1) Il faut au préalable, dit M. Sage, ne point employer une plus grande quantité d'acide nitreux, mais ſur-tout que cet acide ne ſoit point trop concentré, parce qu'il diſſoudroit l'or : il eſtime la perte occaſionnée par cette diſſolution à vingt-quatre grains d'or par marc de ce métal. Cette obſervation importante ajoute encore à la néceſſité d'affoiblir l'eau-forte, lorſqu'en procède à la repriſe.

tion ; il ne s'agit que de peſer les cornets.
Ce procédé a cela de commode, qu'on peut,
en l'exécutant ſur une petite portion d'une
grande maſſe d'argent tenant or , juger des
proportions reſpectives de ces métaux dans
toute la maſſe , avec autant de préciſion que
ſi on l'eût ſoumiſe tout entière au départ.

Quand je dis que l'or & l'argent de départ ſont très-purs, il ne faut pas prendre
cette aſſertion à la dernière rigueur ; car
quelque exactitude qu'on ait apportée dans l'o-
pération du départ, il reſte toujours une petite portion d'argent unie à l'or. Cramer eſtime
cet alliage depuis un cent cinquantième juſqu'à un deux centième de la maſſe.

Quoique le départ par l'eau-forte ſoit facile , il ne peut cependant réuſſir ou être
bien exact, à moins qu'on n'obſerve pluſieurs
pratiques qui ſont eſſentielles.

La première condition ſans laquelle le départ ne ſauroit être exact, c'eſt que l'eau-forte
ſoit très-pure , exempte du mélange d'acide
vitriolique, & ſur-tout d'acide marin : ſi l'on
n'a point cette attention , ce dernier acide,
s'il eſt en petite quantité, s'unira à une partie
de l'argent, & ſe précipitera avec lui en lune
cornée , qui reſtera confondue avec l'or. La

majeure partie de l'argent ainfi dépofé en
lune cornée, fera volatilifée par l'action du
feu, & par conféquent abfolumeut perdue;
& la portion qui aura été revivifiée pendant la fonte, s'unira à l'or, qui ne s'en trouvera par conféquent pas entièrement exempt
après un pareil départ. C'eft-là la raifon pour
laquelle il arrive affez fréquemment que deux
effais faits fur le même lingot donnent des
différences dans les réfultats; cette variation
n'eft très-certainement occafionnée que par
la plus ou moins grande pureté de l'eau-forte
qu'on a employée; car le départ bien fait eft
une opération fûre & abfolument invariable
dans fes produits.

Si l'eau-forte contient beaucoup d'acide
marin, ou le départ ne fe fera pas, parce
qu'alors c'eft une eau régale qui n'a point d'action fur l'argent; ou, après qu'elle aura diffous
l'argent, elle diffoudra auffi l'or: ainfi le
départ n'aura pas encore lieu.

Je n'ai vu que deux à trois fois le premier
cas arriver; mais j'ai vu fouvent le fecond:
& une chofe affez fingulière que j'ai remar-
quée plufieurs fois, c'eft que l'or paroif-
foit bien dépofé au fond du matras; on
décantoit la diffolution d'argent, on verfoit

de l'eau fur l'or pour le laver ; il s'y diffol-
voit en partie, & le refte étoit fi léger, qu'il
étoit impoffible de le raffembler ; en forte
qu'on étoit obligé de verfer pêle-mêle dans
la même terrine la diffolution d'argent &
l'or, de raffembler le tout enfemble par le
nitre, de le fondre, & de le départir de
nouveau. Ce phénomène qui ne fera pas
nouveau aux yeux des Orfévres qui dépar-
tiffent fouvent, le fera à ceux des Chimiftes
qui n'ont pas eu, comme moi, occafion de
pratiquer ou voir pratiquer un grand nombre
de fois cette opération.

Je ne répéterai pas ici ce que j'ai dit fur
les qualités que doit avoir l'eau-forte pour
être bonne, fur les fignes extérieurs auxquels
on peut la connoître, fur les moyens que
fournit la Chimie pour s'affurer de fa pureté,
& de la nature des acides qui l'altèrent, &
fur ceux de la purifier, en l'en débarraffant :
on peut recourir aux divers articles dans lefquels ces détails font confignés.

La feconde condition néceffaire pour la Proportions
de l'or & de
l'argent,
réuffite du départ, confifte en ce qu'il faut
que l'or & l'argent foient dans une proportion convenable ; car s'il y avoit une trop
grande quantité d'or par rapport à celle de

P iv

l'argent, ce dernier métal seroit recouvert & garanti de l'action de l'eau-forte par le premier, & le départ ne se feroit point, ou se feroit très-mal.

On éprouve donc, par les divers moyens dont j'ai parlé en traitant de l'alliage de ces métaux, quelles peuvent être leurs proportions dans la masse qu'on veut départir. Si cette épreuve indique qu'il n'y a pas à peu près trois fois plus d'argent que d'or, cette masse n'est pas propre à l'opération du départ par l'eau-forte ; mais il est facile d'y ajouter la quantité d'argent qui lui manque pour être dans la proportion convenable ; & c'est aussi ce que l'on fait. Cette opéra-

Inquart ou quartation.

tion se nomme *inquart* ou *quartation*, parce qu'elle réduit la proportion de l'or au quart de la masse totale.

On peut, à la rigueur, départir par l'eau-forte une masse qui ne contient que deux parties d'argent sur une partie d'or ; mais alors il faut que l'eau-forte soit moins affoiblie, & la séparation se fait plus difficilement & plus lentement, sur-tout dans le commencement : on est obligé, pour mettre en train la dissolution, de la chauffer assez fortement. Ainsi, quoiqu'on puisse se dispenser de faire l'inquart quand la quantité d'argent eſt évidemment plus grande que celle de l'or, il eſt néanmoins toujours plus avantageux de faire cette opération; & ceux qui ne connoiſſent pas les proportions de la maſſe qu'ils ont à départir, & qui ne ſont pas aſſez exercés pour la juger à l'œil ou par la touche, doivent ajouter une quantité d'argent indéterminée, mais plutôt trop grande que trop petite; car la grande quantité de ce métal eſt plus favorable que nuiſible au départ: elle n'a d'autre inconvénient que d'occaſionner plus de frais inutiles, attendu que plus il y a d'argent, & plus il faut employer d'eau-forte.

Lorſqu'on veut obtenir, par le départ, l'or & l'argent abſolument purs, il faut faire précéder cette opération de l'affinage de la maſſe par le nitre; & c'eſt auſſi ce que les Orfévres ſont dans l'uſage de faire.

Du départ inverſe, ou par l'eau régale.

Lorſque la quantité de l'or ſurpaſſe celle de l'argent, & qu'on ne veut pas faire l'opération de l'inquart, on peut, au lieu d'eauforte, ſe ſervir d'eau régale; ce qui fait une eſpèce de départ inverſe, parce que l'eau régale diffout l'or, & ne diffout point l'argent; elle réduit ce dernier en lune cornée, qui refte, après l'opération, fous la forme d'un précipité qu'on peut féparer en décantant la diffolution d'or.

Mais cette méthode n'eft point ufitée, 1°. à caufe des manipulations embarraffantes qu'il faut employer pour féparer enfuite l'or d'avec l'eau régale; car fi on fait ce départ avec de l'eau régale préparée avec le fel ammoniac, comme c'eft l'ordinaire, ou fi l'on précipite l'or par l'alkali volatil, il eft fulminant, & demande des opérations particulières pour être réduit, ainfi que je l'ai expliqué dans la première fection du chapitre précédent; & fi l'eau régale a été faite par le mélange des acides marin & nitreux, & qu'on en fépare l'or par l'alkali fixe; cet or à la vérité n'eft point fulminant; mais dans ce cas la précipitation en eft très-lente, & peut même être incomplète.

2°. Si l'on précipite l'or par le cuivre, cet or n'eft pas abfolument pur; il retient toujours un peu du cuivre qui a fervi à le précipiter.

3°. Dans ce départ, l'argent n'eft pas en poudre & avec toutes fes propriétés mé-

talliques, comme l'eſt l'or dans le départ ordinaire ; il eſt précipité en lune cornée, par
l'effet de ſon union avec une partie de l'a-
cide marin de l'eau régale : mais cette ſéparation ne peut point être abſolument entière, attendu qu'il y a toujours une petite
portion de cette lune cornée qui reſte diſſoute
dans les acides : ainſi l'argent n'eſt pas ſi
exactement dépouillé d'or dans le départ par
l'eau régale, que l'or l'eſt de l'argent dans
le départ par l'eau-forte.

Du départ concentré, ou par cémentation

Le départ concentré, ou par cémentation,
ſe fait de la manière ſuivante.

On prépare d'abord un cément com-   Procédé.
poſé de quatre parties d'argile bien ſèche,
une partie de vitriol vert, & une partie de
ſel marin ; on mêle toutes ces matières réduites en poudres, & on en fait une pâte
ferme, en l'humectant avec de l'eau. Ce cément
ſe nomme cément royal, parce qu'il ſert à
purifier l'or, que les Chimiſtes regardent
comme le roi des métaux.

D'un autre côté, on réduit l'or qu'on veut
cémenter, en lames à peu près auſſi minces
que les pièces de billon : on met au fond du

creuſet une couche de cément de l'épaiſſeur d'un travers de doigt ; on ſtratifie les lames d'or ſur cette couche ; on remet par-deſſus une nouvelle couche de cément ; on emplit ainſi le creuſet , en mettant toujours l'or entre deux couches de cément , & on le couvre avec un couvercle qu'on y lute avec de l'argile détrempée ; on place ce creuſet dans le fourneau de fuſion ; on le chauffe par degré juſqu'à ce qu'il ſoit médiocrement rouge, & on entretient cette chaleur pendant environ vingt-quatre heures ; on laiſſe après cela refroidir le creuſet, & on l'ouvre pour en retirer l'or, qu'il faut ſéparer exactement d'avec le cément qui l'environne. Il faut, après cela, faire bouillir l'or à pluſieurs repriſes dans une grande quantité d'eau ; on en fait l'eſſai ſur la pierre de touche , ou autrement ; & ſi on ne le trouve point aſſez pur, on le ſoumet une ſeconde fois à la même opération ; ſi au contraire il eſt très-pur, on le fond.

On ſépare enſuite l'argent du cément, en le faiſant fondre avec une ſuffiſante quantité de plomb, & coupellant le culot.

Il eſt très-eſſentiel que la chaleur ne ſoit pas capable de faire fondre l'or.

Dans cette opération, l'acide du vitriol & Remarques. l'argile dégagent l'acide du sel marin ; & ce dernier dissout l'argent allié à l'or, & l'en sépare par ce moyen, en le convertissant en une cornée.

Cette expérience prouve, que quoique l'acide marin ne puisse attaquer l'argent tant qu'il est en liqueur, il est cependant un puissant dissolvant de ce métal ; mais qu'il faut pour cela qu'il soit appliqué à l'argent dans un état de vapeur, dans une concentration extrême, & aidé d'un degré de chaleur considérable. Toutes ces circonstances, dont j'ai déjà annoncé plus haut une partie, se trouvent réunies dans cette opération.

Elle prouve encore que, malgré tout ce qui favorise ici l'action de l'acide marin (1), il ne peut cependant attaquer l'or.

Quelques Chimistes prescrivent de mettre

---

(1) On a découvert depuis peu un moyen de rendre l'acide marin capable de dissoudre l'or ; mais ce moyen n'a aucun rapport avec les expériences dont je traite dans cet Ouvrage ; c'est pourquoi je n'en parle pas, & regarde cet acide comme étant sans action sur ce métal.

dans le cément de la brique pilée, au lieu d'argille; ce qui est très-indifférent.

Quelques autres composent leur cément de quatre parties d'argile, deux parties de sel marin, & une partie de sel ammoniac. Ce cément est beaucoup plus chargé d'acide marin, & pourroit mériter la préférence, quand la quantité d'argent à dissoudre est considérable; mais je pense qu'il faudroit y ajouter deux parties de vitriol vert, pour faciliter la décomposition des sels.

On peut substituer le nitre au sel marin, & l'opération réussit également bien, à cause des secours que l'acide nitreux trouve alors pour dissoudre l'argent, malgré la quantité d'or qui le défend de son action.

Plusieurs Chimistes & artistes font même entrer le nitre, & le sel marin ou le sel ammoniac, dans la composition du cément royal; ce qui semble prouver que l'eau régale appliquée de cette manière en même temps à l'or & à l'argent, dissout ce dernier métal par préférence au premier.

J'ai dit qu'on sépare l'argent du cément en le faisant fondre avec une suffisante quantité de plomb; c'est là en effet le procédé ordi-

aire : mais si l'on se rappelle ce qui a été
dit sur la revivification de la lune cornée,
on sentira que la volatilité de ce sel doit occasionner un déchet considérable sur l'argent :
on doit donc, pour remédier à cet inconvénient, traiter le cément de même qu'on traiteroit la lune cornée pure, en le mêlant, soit
avec de l'alkali fixe, soit avec du savon noir.

Le départ concentré n'est point aussi usité
que celui qui se fait par l'eau-forte, parce
qu'il est plus long & plus embarrassant, moins
sûr pour déterminer le titre de l'or, attendu
que les vapeurs acides qui s'élèvent du cément, ne peuvent, en quelque sorte, agir
qu'à la surface des lames d'or. Il faudroit,
par cette raison, si l'on vouloit purifier exactement l'or par ce procédé, le refondre &
cémenter une seconde & même plusieurs
autres fois ; ce qui deviendroit fort long &
fort laborieux.

Ce départ est cependant avantageux, lorsque l'or se trouve allié avec de l'argent en
trop grande quantité pour qu'on puisse faire
le départ par l'eau-forte, & qu'on ne veut
pas le faire par l'eau régale, ni l'inquarter :
ce sont les seuls cas où on le fait.

Il est encore très-utile dans certaines occafions. Il convient fur-tout pour rehauffer beaucoup l'éclat de certains bijoux faits avec de l'or d'un bas titre. Les Joailliers foumettent ces bijoux, avant que de les polir, à cette cémentation ou à une équivalente ; ce qu'ils appellent donner la fauffe. La furface de ces bijoux eft débarraffée par ce moyen de l'alliage qui ternit & affoiblit la couleur de l'or, & prend enfuite, par le fini & le poli, l'éclat d'un or très-fin, quoique le corps du bijou foit d'un titre affez bas.

Du départ fec.

Procédé. Le départ fec fe fait en ftratifiant l'argent aurifère réduit en grenailles ou en lames, dans un creufet avec du foufre en poudre, ou de la fleur de foufre. On tient ce mélange obfcurément rouge pendant un temps fuffifant pour donner au foufre le temps de fe combiner avec l'argent ; on augmente le feu par degrés, & on le pouffe jufqu'à faire fondre l'or ; on le foutient en cet état pendant une bonne demi-heure ; on laiffe enfuite refroidir le creufet, & après l'avoir caffé on fépare le culot d'or qu'il contient, de fcories qui le recouvrent. Il faut obferve que le creufet doit être exactement couver

luté, pour empêcher l'accès de l'air, qui
occasionneroit la combustion du soufre.

Dans cette opération, le soufre s'unit à
l'argent & à toutes les autres substances mé-
alliques qui altèrent la pureté de l'or, sans
toucher à ce métal, sur lequel il n'a, comme
je l'ai dit, aucune action.

Il ne s'agit plus que de retirer l'argent des
scories dans lesquelles il se trouve combiné
avec le soufre; la seule action du feu, continuée pendant un certain temps avec le concours de l'air libre, suffit pour opérer cette
séparation; on l'accélère beaucoup, & elle
se fait même très-bien dans un instant, en
faisant détonner l'argent sulphuré avec du
nitre. Comme ce métal est indestructible par
ces trois agens, on le retrouve, après toutes
ces opérations, tel qu'il étoit auparavant.

On sent que ces procédés peuvent servir
également à la revivification de l'argent des
scories qui se forment dans l'opération de
la purification de l'or par l'antimoine, & généralement dans tous les cas où il s'agit de
séparer l'argent d'avec le soufre.

Le départ sec seroit le moyen le moins
outeux, le plus prompt, & le plus commode
qu'on pût employer à la séparation de l'or

Q

d'avec l'argent, fi le foufre pouvoit diffoudre l'argent & le féparer d'avec l'or auffi bien & auffi facilement que le fait l'acide nitreux : mais il s'en faut bien que cela foit ainfi ; au contraire, on eft obligé d'avoir recours à des manœuvres particulières, à une cémentation, comme nous venons de le voir, pour unir le foufre avec l'argent ; il faut enfuite faire des fontes réitérées & embarraffantes ; car il eft rare qu'on réuffiffe à la première & même à la feconde cémentation, à combiner avec le foufre la totalité de l'argent uni à l'or.

Il paroît par ce qui vient d'être dit de cette opération, qu'on ne doit la faire que quand la quantité d'argent dont l'or eft allié, eft fi grande, que la quantité d'or qu'on en pourroit retirer par le départ ordinaire, ne fuffiroit pas pour en payer les frais : elle n'eft propre qu'à concentrer une plus grande quantité d'or dans une moindre quantité d'argent ; & comme elle eft embarraffante & difpendieufe, on ne doit l'entreprendre que fur une grande maffe d'argent allié d'or.

Il feroit à fouhaiter qu'on pût perfectionner cette opération ; elle deviendroit infiniment avantageufe, fi on pouvoit la faire en une ou deux fontes, & obtenir, par ce moyen,

ne féparation exacte d'une petite quantité
'or confondue dans une grande quantité
'argent.

De l'affinage de l'argent par le plomb, ou de
la coupellation.

La coupellation de l'argent confifte à ajouter
a ce métal allié une certaine quantité de
plomb, & à expofer enfuite ce mélange à
'action du feu dans une coupelle.

Cette opération s'exécute en grand dans le
travail des mines d'argent, pour affiner ce métal,
en le féparant de toutes les fubftances métalliques étrangères avec lefquelles il fe trouve
naturellement allié : elle porte alors le nom
d'*affinage*.

On la fait auffi journellement en petit, dans
l'Orfévrerie & les Monnoies, pour reconnoître
le titre de l'argent: elle porte alors le nom
d'*effai*.

Ces deux opérations ne différent que du
petit au grand. Je ne parlerai que de la dernière; & on pourra appliquer à l'autre tout
ce que j'en dirai, à quelques circonftances
près, que j'obferverai dans l'explication de la
théorie de l'opération.

Effai ou affinage en petit.

Je définirai donc l'effai, une opération que l'on fait en petit, pour déterminer combien une maffe métallique quelconque contient d'argent; ou fi l'on veut pour fixer le titre de ce métal.

Voici comme il fe fait.

Procédé.

On coupe un morceau de l'argent qu'on veut effayer, qui peut être du poids de trente-fix grains réels, ou égaux au poids de femelle; on le pèfe avec la plus grande exacti-tude; on choifit une coupelle; on la place fous la moufle du fourneau d'effai; on allume le fourneau; on fait rougir la coupelle, & on la tient rouge pendant une bonne demi-heure avant d'y rien mettre: quand elle eft rouge à blanc, on y met la quantité de plomb qu'on a déterminée; on donne *chaud*, ce qui fe fait en admettant beaucoup d'air par le cendrier, dont on ouvre les portes pour cet effet, jufqu'à ce que le plomb, qui eft bientôt fondu, foit rouge, fumant, & agité d'un mouvement qu'on appelle *circulation*, & bien découvert, c'eft-à-dire, que fa furface foit unie & affez nette.

On met alors dans la coupelle l'argent réduit en petites lames, afin qu'il fonde plus

romptement, en continuant à donner chaud,
même en augmentant la chaleur par le
moyen de charbons ardens qu'on place à
entrée de la moufle: on foutient cette chaleur
jufqu'à ce que l'argent foit *entré dans le plomb*,
c'eft-à-dire, bien fondu & mêlé avec ce métal.
Quand l'effai eft bien circulant, on diminue
la chaleur, en ôtant, en tout ou en partie, les
charbons qui font à l'entrée de la moufle, &
fermant plus ou moins les portes du fourneau.

On doit gouverner le feu de manière que
l'effai ait une furface fenfiblement convexe,
& paroiffe ardent dans la coupelle, qui eft
alors moins rouge; que la fumée qui s'élève,
monte prefque jufqu'à la voûte de la moufle;
qu'il fe forme continuellement une ondula-
tion en tous fens à la furface de l'effai, ce
qui s'appelle *circuler*; que fon milieu foit
liffe, & qu'il foit entouré d'un petit cercle
de litharge qui s'imbibe continuellement dans
la coupelle.

On foutient l'effai en cet état jufqu'à la
fin de l'opération, c'eft-à-dire, jufqu'à ce que
le plomb & l'alliage étant imbibés dans la
coupelle, la furface du bouton de fin, qui fe
fige alors, n'étant plus recouverte d'une pel-
licule de litharge, foit devenue tout d'un

coup vive, brillante, & d'un beau luisant; ce qui s'appelle faire l'*éclair*.

Lorsque l'essai a été bien fait, on voit, immédiatement après l'éclair, la surface du bouton toute couverte de couleurs d'iris, qui ondulent & s'entrecroisent avec beaucoup de rapidité; alors le bouton se fige, & l'essai est fait.

Quand l'opération est achevée, on laisse encore la coupelle au même degré de chaleur pendant quelques momens, pour donner le temps aux dernières portions de litharge de s'imbiber en entier, attendu que s'il en restoit un peu sous le bouton de fin, il y seroit adhérent.

Après cela, on cesse le feu; on fait refroidir la coupelle par dégrés, jusqu'à ce que le bouton de fin soit figé entièrement, surtout lorsqu'il est un peu gros; parce que, s'il se refroidissoit trop promptement, sa surface extérieure, venant à se figer & à prendre de la retraite avant que la partie intérieure fût dans le même état, comprimeroit fortement cette dernière, qui s'échapperoit avec effort, formeroit des végétations, & même des jets, en crevant la partie extérieure figée. Cet inconvénient s'appelle *écartement* ou *végétation du bouton*. On doit l'éviter avec grand soin dans les essais, parce que quelquefois il s'élance de petites parties d'argent hors de la coupelle.

Enfin, quand on est assuré que le bouton d'essai est bien figé jusques dans son intérieur, on le soulève avec un petit outil de fer, pour le détacher de la coupelle, lorsqu'il est encore très-chaud, parce qu'alors il s'en détache facilement; au lieu que quand le tout est refroidi, il arrive souvent qu'il adhère à la coupelle, de manière qu'il en emporte avec lui de petites parties qu'on est obligé de nettoyer avec la gratte-bosse.

Il ne s'agit plus, après cela, que de peser bien exactement ce bouton à la balance d'essai : la quantité dont il aura déchu indiquera au juste le titre de la masse ou du lingot d'argent.

Lorsqu'on veut être sûr du titre de l'argent, il faut faire cette opération dans deux coupelles qu'on place sous la même moufle.

Il n'y a rien de déterminé au juste sur la proportion du plomb avec celle de l'alliage. *Proportions du plomb.* Les Auteurs qui ont traité de cette matière, varient entre eux. Ceux qui demandent la plus grande quantité de plomb, se fondent sur ce qu'on est plus sûr par-là de détruire

tout l'alliage de l'argent; ceux qui en pref-
crivent la plus petite quantité, affurent
que cela eft néceffaire, par la raifon que
le plomb emporte toujours un peu de fin.
Les effayeurs eux-mêmes ont chacun leur
pratique particulière, à laquelle ils font
attachés.

Hellot, Macquer, & M. Tillet, chargés
par le Gouvernement de chercher à faire ceffer
ces inconvéniens, ont conftaté, par des expériences authentiques qui ont donné lieu
à un réglement, qu'il faut;

Pour de l'argent d'affinage, deux parties
de plomb fur une d'argent;

Pour de l'argent à onze deniers douze grains,
quatre parties de plomb;

Pour de l'argent à onze deniers & au-
deffous, fix parties;

Pour celui à neuf deniers, dix parties;

Pour celui à huit deniers, douze parties;

Pour celui à fept deniers, quatorze parties;

Enfin feize parties pour l'argent à fix deniers & au-deffous.

La conduite du feu eft un article effentiel
dans les effais; il eft important qu'il n'y ait
ni trop ni trop peu de chaleur; parce que,
s'il y a trop de chaleur, le plomb fe fcorifie

& paſſe dans la coupelle ſi promptement,
qu'il n'a pas le temps de ſcorifier & d'em-
porter avec lui tout l'alliage de l'argent : s'il
n'y a pas aſſez de chaleur, la litharge s'a-
maſſe à la ſurface ; & ne pénètre point la
coupelle : les eſſayeurs diſent que l'eſſai eſt
étouffé ou *noyé*. Dans ce cas, l'eſſai n'avance
pas, parce que la litharge recouvrant la ſurface du métal, la garantit du contact de l'air,
qui eſt abſolument néceſſaire pour la calcination des métaux.

J'ai donné plus haut les marques d'un eſſai
qui va bien. On reconnoît qu'il a trop chaud,
lorſque la ſurface du métal fondu eſt extrêmement convexe ; qu'il eſt agité par une circulation très-forte ; que la coupelle eſt ſi ardente, qu'on ne peut diſtinguer les couleurs
que la litharge lui donne en la pénétrant ;
enfin lorſque la fumée qui s'élève au-deſſus
de l'eſſai, va juſqu'à la voûte de la moufle,
ou que l'on ne l'aperçoit point du tout ;
ce qui arrive, non parce qu'il n'y en a plus
alors, mais parce qu'elle eſt ſi rouge & ſi
ardente, ainſi que tout l'intérieur de la moufle,
qu'on ne peut la diſtinguer. On doit diminuer dans ce cas le feu, en fermant le cendrier : quelques eſſayeurs mettent même au-

tour des coupelles de petits morceaux oblongs & froids d'argile cuite, qu'ils appellent des *inſtrumens*.

Si au contraire le métal fondu a une ſurface applatie & très-peu ſphérique par rapport à ſa maſſe, que la coupelle paroiſſe ſombre, que la fumée de l'eſſai ne faſſe que ramper à ſa ſurface, que la circulation ſoit trop foible, que les ſcories, qui paroiſſent comme des gouttes brillantes, n'aient qu'un mouvement lent, & ne s'imbibent point dans la coupelle ; on peut être aſſuré que la chaleur eſt trop foible : à plus forte raiſon quand le métal ſe fige ou ſe *congèle*, comme diſent les eſſayeurs. On doit alors augmenter le feu, en ouvrant le cendrier, en plaçant de gros charbons ardens à l'entrée de la moufle, ou même en mettant de pareils charbons en travers ſur les coupelles : mais il vaut mieux encore éviter de tomber dans ce dernier inconvénient, en donnant plutôt une chaleur trop forte que trop foible ; parce que l'excès de chaleur ne préjudicie point ſi ſenſiblement à l'eſſai.

On commence par *donner chaud* auſſi-tôt que le plomb eſt dans les coupelles, parce qu'il les refroidit, & qu'il eſt néceſſaire qu'il se fonde promptement, & même que la chaux qui se forme à sa surface aussi-tôt qu'il est fondu, se fonde elle-même, & se convertisse en litharge, attendu que cette chaux, étant beaucoup moins fusible que le plomb, deviendroit fort difficile à fondre, si elle s'amassoit en une certaine quantité.

Lorsqu'on a mis l'argent dans le plomb découvert, il faut *donner encore plus chaud*, non seulement parce que cet argent refroidit beaucoup, mais encore parce qu'il est moins fusible que le plomb : & comme on doit produire tous ces effets le plus promptement qu'il est possible, on est dans le cas de donner plus de chaleur qu'il n'en faut ; & c'est par cette raison que lorsque l'argent est entré dans le plomb, *on donne froid*, pour remettre les essais au degré de chaleur convenable.

Pendant toute cette opération, la chaleur doit aller toujours en augmentant par degrés jusqu'à la fin, tant parce que le mélange métallique devient d'autant moins fusible, que la quantité de plomb diminue davantage, que parce que plus la portion d'argent devient grande par rapport à celle du plomb,

& plus ce dernier métal, garanti par le premier, devient difficile à fondre. On fait en forte, par cette raison, que les effais aient très-chaud dans le temps de leur éclair.

Argent contenu dans le plomb.

Il faut obferver que comme il n'y a prefque point de plomb qui ne contienne naturellement de l'argent, & qu'après la coupellation, cet argent fe trouve confondu avec le bouton de fin, dont il augmente le poids, il eft très-effentiel de connoître, avant que d'employer du plomb dans des effais, la quantité d'argent qu'il contient naturellement, pour la défalquer du poids du bouton d'effai. Pour cela, les effayeurs paffent une certaine quantité de leur plomb tout feul à la coupelle, & pèfent avec exactitude le petit bouton de fin qu'il laiffe; ou bien on peut mettre dans une coupelle du même plomb qu'on emploie dans les effais, & en poids égal à celui qui entre dans un effai; & après l'opération, lorfqu'il s'agit de pefer, on met du côté des poids le petit bouton de fin laiffé par le plomb feul : on l'appelle *témoin*. Cela épargne les calculs. Pour éviter ces petits embarras, les effayeurs fe procurent ordinairement du plomb qui ne contient point d'argent : tel eſt, à ce qu'on aſſure, celui de *Willach*, en *Carinthie*, qui eſt recherché par les eſſayeurs, à cauſe de cela.

On remarquera en ſecond lieu, qu'il paſſe toujours une certaine quantité de ſin dans les coupelles, ainſi qu'on l'a obſervé depuis long-temps dans les affinages en grand; & que la même choſe a lieu dans les eſſais ou épreuves en petit; que cette quantité peut varier, ſuivant la nature & la forme des coupelles; objets qui ont été déterminés avec la plus grande préciſion dans le travail des trois Commiſſaires que j'ai cités, & que M. Tillet a ſuivi encore depuis avec une exactitude ſcrupuleuſe, comme on peut le voir dans les Mémoires de l'Académie, années 1763 & 1769 (1).

Lorſque l'argent contient de l'or, on fait enſuite le départ du bouton de ſin qu'on a obtenu.

Départ du bouton de ſin.

---

(1) Cette obſervation fait aſſez ſentir qu'on ne doit pas jeter les coupelles qui ont ſervi à cette opération. Selon l'expérience faite par M. Sage, cent livres de cendrée ou caſſe de coupelles, donnent quarante-ſept livres de plomb, qui produit deux onces trois gros ſoixante & un grains d'argent au quintal.

Remarques.　Pour bien entendre ce qui se passe dans cette opération, il faut observer que le plomb est un des métaux qui perd le plus prompte-ment & le plus facilement assez de son prin-cipe inflammable, pour cesser d'être dans l'état métallique ; mais en même temps ce métal a la propriété remarquable de retenir, malgré l'action du feu, assez de ce même principe inflammable, pour se fondre avec la plus grande facilité en une matière vitrifiée & très-vitrifiante, qu'on nomme litharge. -

Cela posé, le plomb qu'on ajoute à l'ar-gent qu'on veut affiner, produit pour cet objet les avantages suivans : 1°. en aug-mentant la proportion des métaux impar-faits, il empêche que leurs parties ne soient aussi bien recouvertes & défendues par celles des métaux parfaits ; 2°. en s'unissant à ces métaux, il les fait participer à la propriété qu'il a lui-même de perdre la plus grande partie de son phlogistique avec la plus grande facilité ; 3°. enfin, en vertu de sa propriété vitrescente & fondante, qui s'exerce avec toute sa force sur les parties calcinées & naturellement réfractaires des autres métaux, il facilite & accélère infiniment la fonte, la scorification, & la séparation de ces métaux.

Tels font en général les avantages que procure le plomb dans la coupellation.

A mefure que le plomb fe fcorifie, & fcorifie auffi avec lui les métaux imparfaits, il fe fépare de la maffe métallique, avec laquelle il ne peut plus refter uni ; il vient nager à la furface, parce qu'ayant perdu une partie de fon phlogiftique, il a perdu auffi une partie de fa pefanteur métallique ; & enfin il s'y vitrifie.

Ces matières vitrifiées & fondues s'accumuleroient de plus en plus à la furface du métal, à mefure que l'opération avanceroit, garantiroient par conféquent cette furface du contact de l'air, abfolument néceffaire pour la fcorification du refte, & arrêteroient ainfi l'opération, qui ne finiroit jamais, fi l'on n'avoit trouvé le moyen de leur donner un écoulement par la nature même du vaiffeau dans lequel la maffe métallique eft contenue, & qui, étant poreux, abforbe & imbibe la matière fcorifiée, à mefure qu'elle fe forme.

A l'égard du fourneau, il doit être en forme de voûte, afin que la chaleur fe porte fur la furface du métal pendant le temps de l'effai.

Il fe forme perpétuellement à la furface

du métal une espèce de croûte ou peau obscure : mais dans le moment où tout ce qu'il y a de métaux imparfaits est détruit, & où par conséquent la scorification cesse, la surface des métaux parfaits se découvre, se nettoie, & paroît plus brillante : cela forme une espèce d'éclair, qu'on nomme effectivement *éclair*, *fulguration*, *ou corruscation* : c'est à cette marque qu'on reconnoît que le métal est affiné. Si l'opération est conduite de manière que le métal n'éprouve que le juste degré de chaleur nécessaire pour le tenir en fusion avant qu'il soit fin, on observe qu'il se fige subitement dans le moment de l'éclair, parce qu'il faut moins de chaleur pour tenir fondu l'argent allié de plomb, que lorsqu'il est pur.

Essai de l'or.

L'essai de l'or par la coupelle se fait absolument de même que celui de l'argent, si ce n'est qu'on chauffe un peu plus vivement sur la fin, lorsqu'il est prêt à faire son éclair.

Si l'or contient de l'argent, cet argent reste avec lui, après l'affinage, dans la même proportion, puisque ces deux métaux résistent également à l'action du plomb. On doit alors séparer l'argent de cet or par l'opération

opération du départ, soit en soumettant le bouton au départ inverse, soit en l'inquartant & le traitant par le départ ordinaire.

Ainsi, l'essai du titre de l'or & de celui de l'argent, se fait par deux opérations, dont la première est la coupellation, qui leur enlève tout ce qu'ils contiennent de métaux imparfaits; & la seconde, le départ, qui les sépare l'un de l'autre.

Lorsque l'or & l'argent sont alliés au fer, l'affinage par le plomb seul ne peut les en débarrasser complètement. La raison en est, que le fer, comme je l'ai dit, ne peut contracter avec le plomb aucune union. On doit alors lui substituer le bismuth, ou traiter cet alliage par le départ sec.

Affinage de l'argent allié au fer.

C'est la propriété du bismuth, de s'allier avec le fer, tandis que le plomb ne peut s'unir à ce métal, qui le met en état de séparer ces deux métaux par la coupelle, beaucoup mieux que ne le fait ce dernier. Cet avantage du bismuth sur le plomb, joint à celui qu'il a de ne point contenir de cuivre, devroient, ce me semble, lui obtenir la préférence sur ce métal. Il est, à la vérité, d'un prix plus haut; mais qu'est-ce que cet inconvénient, lors-

R

qu'on considère la petite quantité qu'en exigent les essais ?

L'affinage en grand ne diffère de l'essai que je viens de décrire, que par les proportions des matières, & en ce qu'au lieu de laisser la litharge s'imbiber entièrement dans la coupelle, on lui procure de l'écoulement par une échancrure faite au bord de ce vase, & on l'en retire même à mesure qu'elle surnage, avec de grands rateaux de fer.

L'argent de coupelle sembleroit devoir être absolument pur ; on le regarde même généralement comme tel, quand l'opération a été bien faite ; il contient cependant toujours un peu de cuivre, qui lui a été fourni par le plomb. Les essayeurs d'argent s'étoient aperçu depuis long-temps que leur argent de coupelle perdoit toujours une petite portion de son poids par les fontes répétées ; ils avoient cru d'abord que cette perte étoit due à une petite portion de l'argent qui s'étoit dissipée ; mais Kunckel a démontré que cette perte étoit due à une petite portion de cuivre qui se calcinoit lorsqu'on tenoit long-temps l'argent au feu ; & il a fait voir de plus que

cette portion de cuivre étoit due au plomb
qui avoit servi à cette opération. Pour cela,
l a traité par la coupelle de l'argent revivifié de la lune cornée, absolument exempt
de cuivre ; & cet argent, après l'opération,
s'est trouvé contenir du cuivre.

La coupellation ne peut donc servir à pu- Moyen
rifier l'argent : si on veut avoir ce métal ab- d'obtenir
l'argent ab-
solument & scrupuleusement exempt de tout solument
alliage, il faut nécessairement alors, ou le pur.
convertir en lune cornée, & le réduire ensuite, ou le minéraliser par le soufre, comme
on le fait dans l'opération du départ sec, &
le revivifier par la combustion de ce minéral.

Des moyens de séparer l'étain allié à l'argent.

Nous venons de voir que le plomb ne
débarrasse qu'imparfaitement l'argent du fer
qui lui est allié, par la raison que le fer &
le plomb ne peuvent contracter entre eux
aucune sorte d'union ; mais nous avons observé en même temps que le bismuth peut
remplacer le plomb avec avantage : & en
effet, si l'on coupelle par le bismuth un alliage
d'argent & de fer, la scorification de ce der-

nier aura lieu complètement. Ce n'eſt donc que par défaut d'affinité avec le plomb, que le fer ne peut être ſéparé de l'argent par ce métal ; le fer eſt donc ſuſceptible d'être réduit en chaux, & cette dernière d'être vitrifiée, de même que toutes celles des ſubſtances métalliques imparfaites.

Il n'en eſt pas de même de l'étain : lorſqu'on coupelle de l'or ou de l'argent allié avec ce métal, il ſe réduit en chaux, qui, au lieu de ſe vitrifier comme celles de tous les autres métaux imparfaits, reſte ſous la forme d'une poudre blanche à la ſurface du bouton, qu'il eſt impoſſible d'en priver exactement.

Quelques Chimiſtes ont propoſé, pour ſéparer abſolument l'étain de l'argent par la coupellation, de mettre dans la coupelle du ſublimé corroſif : l'acide marin de ce ſel abandonne en effet le mercure, pour diſſoudre l'étain, avec lequel il a plus d'affinité, & le nouvel étain corné qui en réſulte, ſe volatiliſe. Mais on ne doit guère compter ſur le ſuccès du ſublimé corroſif jeté ainſi à la ſurface d'une maſſe d'argent ; il faudroit, pour réuſſir par ſon moyen, en introduire de nou eau dans la coupelle, auſſi-tôt que celui qu'on y a mis a fait ſon effet; ce qui deviendroit très-coûteux.

On parvient à enlever une partie de l'étain qui altère la pureté de l'argent, en projetant à la ſurface du métal fondu, du nitre ou du borax, comme nous avons vu qu'on le pratique à l'égard de l'or: mais il eſt impoſſible de le détruire entièrement par ce moyen, attendu que, lorſqu'il eſt réduit à une-très-petite quantité, l'argent le recouvre, & le défend de l'action du feu & de celle des ſels.

Le départ eſt auſſi inſuffiſant pour opérer complètement la ſéparation de ces deux métaux, parce que l'étain ſe diſſout avec l'argent dans l'acide nitreux, & qu'il eſt précipité avec lui par l'intermède du cuivre & de toutes les autres ſubſtances qu'on peut employer pour procurer le dépôt de l'argent.

Il ne reſte donc d'autre moyen de purifier l'argent de l'alliage de l'étain, que de le ſoumettre au départ ſec: & en effet, le ſoufre diſſout à la fois ces deux métaux, mais avec cette différence que lorſqu'on vient à faire brûler ce minéral pour raſſembler l'argent, ce dernier ne fouffre aucune altération par cette combuftion, qui calcine au contraire efficacement l'étain, & le met conféquemment hors d'état de pouvoir fe confondre de nouveau avec l'argent. Cette calcination de l'étain eft encore plus radicale, lorfqu'on décompofe l'argent fulphuré, en le faifant détonner avec le nitre.

On peut, par cette opération, purifier exactement l'argent de l'alliage de l'étain; mais elle a fes inconvéniens, fur lefquels je crois m'être fuffifamment étendu à l'article qui traite fpécialement du départ fec, auquel on pourra recourir. Il étoit donc bien intéreffant de trouver un procédé fûr & commode, au moyen duquel on pût faire cette féparation auffi facilement & auffi complètement qu'on fait celle de toutes les autres fubftances métalliques. C'eft ce qu'a heureufement exécuté M. Bayen, par le procédé que j'ai annoncé dans l'article qui traite des moyens de féparer l'or de l'étain, & que je vais extraire mot pour mot des recheches chimiques fur l'étain qu'il a faites & publiées par ordre du Gouvernement, conjointement avec M. Charlart, en 1781.

Procédé de M. Bayen

« Nous avons mis dans un petit matras,

» dit M. Bayen, soixante-douze grains de
» l'alliage en question (on assuroit que
l'étain étoit allié à un quart d'argent fin),
» laminés & coupés en fils très-déliés, sur
» lesquels il a été versé deux gros & demi
» d'acide marin & un demi gros d'eau dis-
» tillée ; le tout a été posé sur le sable chaud,
» & en moins de vingt heures le dissolvant
» ne nous paroissant plus avoir d'action sur
» une portion de poudre qui étoit au fond
» du matras, nous procédâmes, avec les pré-
» cautions requises, à la séparer de la li-
» queur, à la bien édulcorer & sécher. Cette
» poudre parut alors avec la couleur propre
» à l'argent ; son poids étoit de dix-neuf
» grains.

 » D'un autre côté, nous avions également
» chargé un matras d'un gros de cet alliage
» coupé en petits fils, de deux gros & demi
» du même acide & demi-gros d'eau distillée,
» & le tout avoit été laissé à la température
» de l'atmosphère : vers le huitième jour,
» n'apercevant plus de bulles en agitant
» le matras, la poudre qui avoit résisté à
» l'action du dissolvant, fût séparée, édul-
» corée, & séchée : elle avoit également la

pour séparer
l'argent de
l'or.

R iv

» couleur brillante de l'argent ; fon poids
» étoit de dix-neuf grains foibles. Ces pou-
» dres furent l'une & l'autre foumifes à la
» coupellation, dont le réfultat fut, que la
» poudre départie de l'étain en employant
» la chaleur, ainfi que celle que nous avions
» obtenue en faifant la diffolution à froid,
» nous donnèrent chacune un bouton pefant
» dix-huit grains, c'eft-à-dire, la jufte quan-
» tité du métal fin qu'on affuroit avoir été
» introduite dans l'étain ».

Action de l'acide marin fur l'argent en maffe. C'eft en répétant la même opération plufieurs fois, & fur des quantités tantôt plus,
tantôt moins grandes d'alliage, que M. Bayen
s'eft aperçu que l'acide marin, lorfqu'il
eft avec excès, finit par agir fur l'argent, à
la vérité avec lenteur ; mais enfin il peut le
diffoudre, même dans fon état d'agrégation ;
ce dont ce célèbre Chimifte s'eft convaincu,
en expofant à fon action douze feuilles d'argent qui pefoient enfemble quatre grains :
l'acide, dont la quantité étoit de trois onces,
fut expofé à une chaleur qui le faifoit légèrement bouillir, & en trois ou quatre jours
les feuilles perdirent trois grains & demi de
leur poids.

Ce procédé, fondé fur une heureufe application de la propriété qu'a l'acide marin de
diffoudre l'étain & de ne point attaquer
l'argent en maffe, fournit à l'Orfévrerie un
nouveau départ, au moyen duquel il devient auffi facile de féparer l'argent de l'é-
tain, qu'il l'eft de le féparer de l'or.

S e c t i o n   I V.

De l'amalgame de l'argent.

Il en eft de l'argent comme de l'or, relativement à fon amalgame avec le mercure.
La manière de l'opérer, ainfi que fes
propriétés & ufages, font abfolument les
mêmes; pourquoi je renvoye, pour ce qui
les concerne, à la quatrième fection du chapitre précédent, qui traite fpécialement de
l'amalgame de l'or, où on trouvera tous les
détails néceffaires fur cette matière.

Section V.

De l'alliage de l'argent avec la platine.

L'alliage de la platine avec l'argent forme un composé métallique beaucoup plus dur & plus sombre que l'argent, d'un grain grossier dans sa cassure, & très-peu ductile.

La rareté de la platine n'a pas permis jusqu'ici aux Chimistes de faire beaucoup d'épreuves pour rechercher les propriétés de cet alliage, & les avantages que la société en pourroit retirer : ce métal, qui donne de la roideur à l'argent, sans altérer beaucoup sa couleur, qui peut-être même ne l'altéreroit point du tout, si on l'y unissoit en plus petite quantité qu'on ne l'a fait jusqu'à présent, seroit bien préférable au cuivre, surtout pour l'argent de vaisselle, en ce que, n'étant susceptible de se charger d'aucune rouille, les plats, vases, & vaisseaux qu'on en fabriqueroit, seroient à l'abri de toute espèce de danger ; ce qu'on ne peut pas dire de ceux qu'on fait avec l'argent allié de cuivre : ils sont, à la vérité, infiniment moins dangereux que ceux de cuivre, même étamés ; mais si l'on y laisse séjourner des alimens, des fauffes fur-tout dans lefquelles la graiffe abonde, elle en extrait un vert-de-gris qui leur communique la qualité vénéneufe qu'on connoît à cette fubftance. On peut s'affurer de cet effet des corps gras fur le cuivre, quoique recouvert par une grande quantité d'argent, comme il l'eft dans l'argent au titre, en laiffant féjourner une fourchette de ce métal dans de l'huile, dans une falade, par exemple, du foir au matin, on l'en retirera toute verte, toute-couverte de vert-de-gris. Cette obfervation, connue de tous les Chimiftes & de beaucoup de perfonnes, prouve qu'on ne doit jamais rien laiffer féjourner de liquide, & fur-tout de gras, dans l'argent.

Il feroit donc à défirer que maintenant qu'on peut reconnoître, par des moyens très-fimples, l'alliage de la plus petite quantité de platine avec l'or, & qu'on ne peut par conféquent plus en abufer pour falfifier ce métal ; il feroit, dis-je, à défirer que le Miniftère Efpagnol permît l'introduction de la platine. Sans doute, au point où eft portée aujourd'hui la Chimie, on ne tarderoit point à trouver les moyens d'en tirer un parti avantageux (1).

---

(1) Voyez la note (1), page 188.

La platine ayant, comme l'or, la propriété de réfifter à l'action de tous les agens
auxquels réfifte ce dernier, les moyens de
la féparer de toutes les fubftances métalliques, & notamment de l'argent, font les
mêmes : ainfi, on peut opérer cette féparation tout fimplement par le départ par l'eau-
forte, qui diffoudra complètement l'argent,
& laiffera la platine intacte au fond du vaiffeau.

S E C T I O N V I.

Des mines d'argent.

On trouve l'argent fous différentes formes
dans l'intérieur de la terre : il y en a une
petite quantité fous fa forme naturelle &
malléable, qui n'eft allié qu'avec un peu
de cuivre & d'or : on le nomme *argent vierge*
ou *natif* : il eft, comme l'or, incrufté ou
adhérent dans plufieurs fortes de pierres.

Mais la forme la plus ordinaire fous laquelle la nature nous préfente l'argent, eft
l'état minéral, c'eft-à-dire, que ce métal eft
uni & incorporé avec beaucoup de matières
hétérogènes, telles que d'autres fubftances
métalliques, & les fubftances minéralifantes,
qui font le foufre & l'arfenic. Quelquefois

auſſi l'argent eſt minéraliſé par l'acide marin.

Il y a, outre cela, pluſieurs minéraux auxquels on donne communément le nom de mines d'argent ; pluſieurs mines de plomb, de cuivre, de cobalt, ſont très-riches en argent ; mais comme elles contiennent beaucoup plus d'autres métaux que d'argent, ce ne ſont que des mines impropres de ce métal ; on doit les nommer, ainſi que l'ont propoſé pluſieurs Chimiſtes, mines tenant argent : ainſi, on doit dire, par exemple, mine de plomb tenant argent, mine de cuivre tenant argent, & ainſi des autres : le nom de mine d'argent doit être réſervé à celles dans leſquelles ce métal eſt en beaucoup plus grande quantité qu'aucun autre.

Les mines d'argent les plus riches ſont celles de l'*Amérique Eſpagnole*, entre autres celles de la province du *Potoʒi au Pérou* ; *l'Allemagne* en produit beaucoup, ſur-tout au *Hartʒ* & à *Sainte-Marie aux-Mines*. La France en offre auſſi d'aſſez abondantes. Enfin il y a des mines d'argent dans les quatre parties du monde.

L'argent ſe trouve dans les fleuves, comme nous avons vu qu'on y trouve l'or.

Travail des mines d'argent.

Comme l'argent, même dans ses mines propres, est toujours allié avec quelques autres métaux dont on a intention de le séparer, après que la mine est bien grillée, pour la débarrasser du soufre & de l'arsenic qui minéralisent l'argent, on la mêle avec de huit à douze fois son poids de plomb ; on met ce mélange dans de grands têts de terre cuite très-poreux, évasés, des espèces de grandes coupelles, placés dans un fourneau fait en voûte ; & on procède exactement comme nous l'avons observé dans l'opération de l'essai, à la seule différence, qu'au lieu de laisser imbiber toute la litharge dans le têt, on la retire, à mesure qu'elle est formée, avec un grand crochet ou rateau de fer, fait exprès pour ce travail, & emmanché au bout d'une longue perche.

Quant aux mines de plomb tenant argent, elles contiennent toutes assez de ce premier métal, pour qu'on puisse les soumettre à l'affinage sans addition, aussi-tôt qu'on les a grillées pour détruire le soufre qui les minéralise.

Ce font ces opérations, & principalement la dernière, qui fourniffent la litharge qui eft dans le commerce.

On fent, d'après ce qui a été dit fur la lune cornée, que les mines d'argent cornées doivent être traitées par la fufion avec l'alkali fixe, avant d'en affiner l'argent par le plomb.

A l'égard de l'argent natif, on traite cette efpèce de mine comme celles d'or, par l'amalgame avec le mercure, après les avoir bocardées & lavées de même, pour enlever la majeure partie des terres & pierres auxquelles l'argent adhère.

Je ne parlerai pas de la manière de retirer, par l'opération ingénieufe du reffuage, l'argent que contiennent en affez grande quantité plufieurs mines de cuivre, ni de plufieurs autres procédés également intéreffans qu'on met en pratique dans le travail des mines d'argent : toutes ces chofes font étrangères à mon fujet. Il me fuffit d'avoir donné une idée général des formes fous lefquelles la nature nous préfente l'or & l'argent, & des manipulations qu'on emploie pour retirer de leurs mines ces métaux & les obtenir purs.

SECTION VII.

De la dorure.

La dorure est l'art d'appliquer une couche d'or extrêmement mince à la surface de plusieurs corps, pour leur donner toutes les apparences extérieures de ce métal.

L'éclat & la beauté de l'or ont fait chercher les moyens de l'appliquer sur une infinité de corps ; mais les manières de dorer sont toutes différentes les unes des autres. De là vient que l'art de la dorure est très-étendu, & rempli d'une grande quantité de manœuvres & de procédés particuliers.

Je ne traiterai dans cette section que des deux procédés qui sont usités dans l'Orfévrerie pour dorer l'argent.

Dorure à l'or en poudre.

Procédé.

Le premier consiste à appliquer l'or en chiffons ou en poudre sur l'argent. Pour cela, on nettoye parfaitement la surface du métal, on la frotte d'or en poudre par le moyen d'un chiffon, d'un morceau de liège, ou même avec les doigts, à l'aide d'un peu d'eau ; il y adhère très-bien : on lave la pièce d'argent, pour enlever la partie terreuse de la cendre, & on la brunit avec la sanguine.

Cette

Cette manière de dorer l'argent démontre que l'or a une grande affinité avec ce métal, une grande tendance à s'allier avec lui, puisque le seul frottement suffit pour le faire adhérer à sa surface. Cette dorure est très-facile, & n'emploie qu'une quantité d'or infiniment petite ; mais elle n'est & ne sauroit être bien solide ; elle cède en peu de temps au frottement : aussi elle ne sert que pour dorer l'intérieur des tabatières & les bijoux qui sont de peu de valeur, ou qu'il n'est pas possible d'exposer à l'action du feu. Cette dorure porte le nom de *dorure à l'or en poudre.*

La seconde manière d'appliquer l'or à la surface de l'argent n'est pas si simple, mais est infiniment plus solide que la première ; elle est connue, dans l'Orfévrerie, sous le nom de *dorure en or moulu.*

Pour dorer en or moulu, on enduit la surface de l'argent d'amalgame d'or ; on le chauffe ensuite assez pour faire évaporer tout le mercure : il ne s'agit plus après que de polir l'or, en le brunissant avec la pierre sanguine.

Il n'y a point, dans cette dorure, simple application des particules d'or à la surface de l'argent, simple adhérence par le contact,

S

comme dans la précédente ; il y a de plus une forte de pénétration des molécules de l'or dans les pores de l'argent ; aussi est-elle très-solide.

Pour faire entendre comment l'or qu'on applique ainsi à la surface de l'argent, pénètre ses pores, il convient de rappeler ce qui a été dit de l'action du mercure sur ces deux métaux.

Remarques. Le mercure s'unit à l'or & à l'argent sans le secours de la chaleur ; il suffit qu'il soit légèrement frotté sur un morceau de l'un de ces métaux, ou qu'il séjourne dans un vase qui en soit formé, pour qu'il s'unisse avec eux, qu'il les dissolve de façon à les rendre friables, ou à les réduire en pâte, selon qu'il leur est allié en quantité plus ou moins grande : si on en frotte une pièce d'or ou d'argent un peu mince, elle n'a plus de consistance dans l'endroit frotté, & se brise avec la plus grande facilité. Enfin, quoique l'amalgame se fasse très-bien à froid, la chaleur néanmoins l'accélère beaucoup.

Or tous ces effets du mercure sur l'or & l'argent ne peuvent avoir lieu, qu'autant qu'il les pénètre, qu'il s'insinue dans leurs pores ; ce qui donne l'explication de ce qui se passe

s la dorure en or moulu, & prouve dé-
nſtrativement ce que j'ai avancé, qu'elle
ſe fait point par une ſimple application
s particules de l'or à la ſurface de l'argent,
r ſimple adhérence de contact; mais qu'il
a une vraie pénétration des molécules de
r dans les pores de l'argent.

Conſidérons maintenant ce qui ſe paſſe
ns le procédé de la dorure en or moulu,
voyons ſi tout ce qui vient d'être détaillé
ut y être appliqué, nous en donner une
éorie exacte, & en expliquer tous les phé-
omènes.

Lorſqu'on veut dorer une pièce d'argent,   Procédé.
n commence par la chauffer juſqu'à ce qu'en
jetant une goutte d'eau, elle entre auſſi-tôt
n ébullition; on prend alors un morceau
'amalgame d'or, qu'on y étend avec un
hiffon ou un morceau de filaſſe; on remet
a pièce ſur le feu, & on la tourne en tous
ens, pour l'échauffer par-tout également;
n y applique ainſi ſucceſſivement pluſieurs
couches d'amalgame, juſqu'à ce qu'on y ait
fait entrer tout l'or qu'on déſire : lorſqu'on
aperçoit quelques inégalités, quelques endroits
où l'amalgame eſt en plus grande quantité
que dans les autres, on l'étend, en ſe ſervant

d'un petit brunissoir d'acier; quand on a ainsi recouvert la surface de l'argent de tout l'amalgame qu'on veut y appliquer, on chauffe la pièce assez fortement pour faire évaporer le mercure ; & après l'évaporation totale de ce métal, on retire la pièce du feu, on la lave, & on la brunit à la sanguine.

D'après ce qui a été dit, il est clair que, dans cette opération, le mercure s'amalgame avec l'argent, ouvre ses pores, & y introduit avec lui l'or qu'il tient en dissolution ; ceci a lieu d'autant mieux, que l'amalgame d'or contient un excès de mercure qui, étant libre, porte son action sur l'argent.

Cette dorure est très-solide, & résiste très-long-temps au frottement, comme on peut le voir par les calices & patênes, qui, malgré qu'ils éprouvent journellement des frottemens réitérés, la conservent néanmoins très-long-temps : on est même obligé, lorsqu'on veut l'enlever, de gratter ou de limer assez profondément la surface des pièces dorées.

Le point essentiel pour réussir dans la dorure, c'est que d'une part la surface de l'argent soit très-nette, & de l'autre, que l'amalgame ait été bien lavé, & cela parce que, comme nous l'avons vu, les métaux ne

euvent contracter d'union qu'entre eux : or
a plus petite parcelle d'une fubftance non
métallique fuffit pour empêcher le contact,
conféquemment l'union de l'or avec l'argent.

SECTION VIII.

*es moyens d'enlever l'or de deſſus les ouvrages
dorés.*

Les moyens d'enlever l'or de la furface de
'argent, fe réduifent à trois principaux.

Le premier confifte à gratter ou limer affez
rofondément, comme on vient de le dire,
a furface des pièces dorées ; mais ce moyen
ft fort long, & fouvent impraticable, à caufe
es formes, & fur-tout des cifelures, qui ne
ermettent fouvent pas à l'outil d'agir fur la
artie dorée.

Le fecond eft le départ : mais cette mé-
hode a l'inconvénient, vu la petite propor-
ion de l'or, relativement à celle de l'argent,
'être fort difpendieufe, à raifon de la grande
uantité d'eau-forte dont elle néceffite l'em-
loi. Ces confidérations m'ont fait chercher
in moyen moins coûteux & plus facile de
édorer l'argent, & j'ai découvert le fuivant,

qui réuſſit parfaitement, & remplit toutes les indications.

Procédé pour enlever l'or de la ſurface de l'argent.

Procédé.   On coupe en lames le vaſe ou autre pièce d'argent qu'on veut dédorer ; on met ces lames dans une terrine de grès ; on les recouvre d'une eau régale compoſée de deux parties d'acide nitreux & d'une partie d'acide marin : lorſque tout l'or eſt diſſous, & que la ſurface des lames d'argent eſt abſolument blanche, on décante la liqueur ; on lave les lames, mêlant l'eau des lavages avec la diſſolution, & on raſſemble l'or de cette dernière par les moyens que j'ai indiqués.

Remarques.   Par cette opération, qui n'eſt au fond qu'une application des propriétés de l'eau régale, mais qui n'avoit cependant pas encore été miſe en pratique, que je ſache, je ſuis parvenu à enlever une once d'or très-pur de la ſurface d'un oſtenſoir.

Ce procédé peut ſervir dans tous les cas où il s'agit de dédorer des vaſes ou des bijoux d'argent ſur leſquels l'or eſt en trop petite quantité pour mériter le départ. Il faut

que les acides qui compofent l'eau régale
foient médiocrement forts ; & l'opération fe
fait parfaitement fans le fecours de la chaleur.

Lorfque j'ai mis ce procédé en ufage, je
n'avois nulle connoiffance de celui que donne
M. Lewis, page 324 du premier volume
de fes expériences phyfiques & chimiques :
ce dernier diffère du mien, en ce qu'il re-
commande de mettre l'argent doré dans l'eau
régale ordinaire, fi chaude, qu'elle foit prête
à bouillir, & de retourner fréquemment le
métal jufqu'à ce qu'il foit devenu noir par-
tout. Je puis affurer qu'en employant l'eau
régale que j'ai prefcrite, l'opération réuffit
parfaitement à froid.

Il y a encore quelques procédés pour dédorer l'argent, mais dont on a abandonné
l'ufage, à caufe des avantages que préfentent
les trois que je viens de décrire, pourquoi
je ne devrois peut-être point en parler ; cependant je crois ne pouvoir me difpenfer de
rapporter les deux fuivans.

On étend fur l'argent doré un peu de fel
ammoniac en poudre, humecté avec de
l'eau-forte, dans la confiftance d'une pâte,
& on chauffe la pièce jufqu'à ce 'que la
matière fume & devienne à peu près fèche :

S iv

enfuite, la jetant dans l'eau, on la lave & la frotte avec la gratte-boffe, au moyen de quoi l'or fe détache aifément.

Ou bien on prend une partie de fel ammoniac ; on y ajoute un quart ou une demi-partie de nitre de trois cuites ; on réduit le tout en poudre ; enfuite on frotte d'huile d'olives ou de lin la furface du vafe d'argent dont on veut enlever l'or ; on la faupoudre avec la poudre ci-deffus ; on expofe le vafe fur le feu jufqu'à ce qu'il foit bien chaud ; enfin, après l'avoir ôté du feu, on le tient d'une main au-deffus d'une terrine, on le frappe de l'autre main avec une baguette : la poudre tombe avec l'or, qu'on retire après cela par la voie ordinaire.

Le premier de ces procédés eft de M. Lewis ; je ne l'ai point répété, & le donne fur fa foi. Le fecond m'a été communiqué ; je l'ai fait répéter, il n'a pas réuffi pleinement : cependant, comme la majeure partie de l'or a été enlevée, je penfe qu'on a négligé quelque chofe en le tentant ; c'eft pourquoi j'engage les Orfévres à l'effayer ; & je les vois d'autant plus intérreffés à défirer qu'il réuffiffe, qu'il a fur le mien l'avantage de les mettre à portée de dédorer les pièce

d'Orfévrerie, sans être obligés de les dé-
former.

Vernis de couleur d'or.

Je me tairai sur les moyens qu'on emploie
pour donner, par des vernis, la couleur de
l'or à l'argent, au cuivre, à l'étain, &c.
Tous ces objets n'entrent pas dans le plan
de mon ouvrage.

SECTION IX.

Des moyens en usage pour mettre l'or en couleur.

Comme on ne peut employer à la dorure
que l'or vierge, qui est plus pâle que ce
métal allié de cuivre, on a cherché à en
rehausser la couleur, & on y est parvenu en
le chauffant avec des cires ou cémens, & le
lavant dans des liqueurs chaudes, que les
Orfévres appellent *sausses*, & que chacun d'eux
compose à sa manière. Ces cires & *sausses*
sont des mélanges de terres bolaires, pour
l'ordinaire de sel marin, d'alun, & de plusieurs autres sels, enfin de vert-de-gris. C'est
à la revivification du cuivre de ce dernier
ingrédient que ces sausses doivent leur pro-

priété de rehausser l'éclat de l'or, par la belle couleur rouge qu'elles lui donnent. Cette opération est donc une manière d'appliquer une très-légère couche de cuivre à la surface de l'or, de cuivrer l'or, s'il est permis de se servir de cette expression.

Parmi le grand nombre de cires ou cémens, & de sausses, employés pour rehausser la couleur de l'or, ou, en termes d'Orfévrerie, pour mettre ce métal en couleur, les suivantes méritent d'être distinguées.

Prenez
cire jaune, ... une livre,
alun calciné, ... deux onces,
vert-de-gris, ... deux onces,
crayon rouge, ... douze onces,
cendres de cuivre, . . . deux onces.

Faites fondre la cire, incorporez-y les autres ingrédiens réduits en poudre, & faites du tout une masse, de laquelle vous formerez des bâtons. Après avoir bien nettoyé la pièce, on la frotte avec un des ces bâtons, on la met ensuite sur les charbons ardens jusqu'à ce que tout le cément soit bien consumé, on la gratte-bosse, on la brunit, & on la lave dans la sausse qui suit.

Prenez cendres gravelées, deux onces,
  soufre, ... deux onces,
  sel marin, ... quatre onces.
Jetez toutes ces drogues dans environ une
pinte d'eau, qui vous servira au besoin, en
la faisant chauffer à chaque fois.

SECTION X.

Des divers procédés en usage pour nettoyer l'argent, & particulièrement du blanchiment.

Lorsque la surface de l'argent n'est ternie que par la poussière & les différens corps que charie perpétuellement l'air atmosphérique, un peu de blanc d'Espagne délayé suffit pour rétablir son premier éclat.

Si elle est salie par quelque corps gras, un peu d'eau de savon la nettoie plus efficacement & plus promptement que le blanc d'Espagne, quoiqu'avec le temps on parvienne cependant à la décaper parfaitement avec cette matière.

Mais quand elle est noircie par le phlogistique, soit qu'il ait été mis en contact avec elle, soit qu'elle ait été exposée à ses exhalaisons ; alors il est difficile de la nettoyer par ces moyens, sur-tout si, étant chargée de gravures ou de ciſelures, elle préſente un grand nombre de cavités.

Enfin la difficulté eſt encore plus grande, lorſque l'argent a été expoſé au feu, & qu'il en ſort noirci, ſoit par le contact des charbons, ſoit plus probablement encore par le phlogiſtique du cuivre auquel il eſt allié, & qui ſe décompoſe par l'action du feu. Dans ces deux cas, & ſur-tout dans celui-ci, il n'y a d'autre moyen de rétablir la pureté de ſa couleur, que celui de le jeter dans le *blanchiment*.

Ce que les Orfévres appellent blanchiment, eſt une eau ſeconde très-foible, un mélange d'eau-forte avec une quantité d'eau aſſez grande pour qu'étant appliqué ſur la langue, il n'y occaſionne qu'une ſenſation d'acidité très-légère, à peu près ſemblable à celle du jus de citron, ou d'un vinaigre médiocrement fort.

Après avoir recuit la pièce qu'on veut nettoyer, afin de détruire par la combuſtion le phlogiſtique qui la noircit, on la laiſſe refroidir ; on la jette enſuite dans le blanchiment, & au bout de quelques heures, on l'en retire.

Elle eſt alors très-blanche, mais matte ;

on lui rend le brillant, soit en l'écurant avec du sablon, soit en la brunissant ou la polissant de nouveau.

L'usage s'est assez généralement introduit, depuis quelques années, de substituer l'acide vitriolique à l'eau-forte, pour la préparation du blanchiment. Cet acide, n'attaquant pas l'argent en masse, paroît mériter la préférence sur l'eau-forte, qui, si affoiblie qu'elle puisse être, ne laisse cependant pas d'agir un peu sur ce métal.

CHAPITRE VII.

De la lavure.

La lavure est une opération par laquelle les Orfévres rassemblent l'or & l'argent qui sont confondus dans les balayures de leurs ateliers, les cendres de leurs forges, les fragmens de leurs creusets, &c. On y procède de la manière suivante.

On place sous une cheminée toutes les cendres de la forge qu'on a ramassées depuis la dernière lavure, & qu'on a conservées dans de vieux barils ; on met par-dessus toutes les balayures de l'atelier les vieux linges, chiffons, buffles, morceaux de chapeau ou de bois dont on s'eft fervi, foit pour polir ou aviver les ouvrages d'or & d'argent qui ont été fabriqués, foit pour étendre l'or dans les dorures, & généralement toutes les matières combuftibles qui ont fervi aux divers travaux de l'année : après avoir amoncelé le tout, on y met le feu avec de la paille, & on le laiffe brûler fans y toucher, jufqu'à ce qu'il n'en forte plus ni flamme ni fumée; alors on ouvre & on retourne légèrement, & de temps en temps, le tas embrafé, afin de renouveler les furfaces, de préfenter fucceffivement à l'air les fragmens de charbon qu'il contient, & d'en faciliter l'entière incinération : enfin on laiffe éteindre & parfaitement refroidir le tout.

On met enfuite une partie de cette cendre dans une paffoire de cuivre, dont les trous foient affez petits pour retenir la grenaille d'argent qui fe trouve mêlée parmi la cendre; on l'agite dans l'eau d'un baquet placé à cet effet dans un lieu très-éclairé : la cendre paffe, & gagne le fond du baquet; on retire avec des bruxelles la plus groffe grenaille ; on promène enfuite un aimant à la surface de ce qui reste dans la passoire, afin d'enlever, autant qu'il est possible, les morceaux de fil de fer qui sont mêlés avec la petite grenaille ; enfin on renverse cette dernière sur une table, & on la sépare à la main des pierres & autres corps étrangers avec lesquels elle est mêlée, & qu'on réserve pour les passer au moulin, afin d'en retirer tout ce qui a échappé au triage. On continue les mêmes manœuvres sur le reste de la cendre , jusqu'à qu'elle ait toute subi cette opération.

Pendant ce temps, un ouvrier est occupé à piler tous les creusets, afin d'en détacher, par cette manœuvre, les grenailles qui y adhèrent ; on passe ensuite cette poudre de la même manière qu'on a passé la cendre ; on sépare de même la grosse grenaille & le fer ; on renverse le résidu dans un vieux tonneau, pour le repiler de nouveau, après qu'on aura amené le tout au même point ; & on continue ces manipulations jusqu'à ce qu'on ait fait passer la totalité par la passoire.

On laisse, après cela, bien rasseoir toute la poudre au fond du baquet, & on décante l'eau qui la recouvre, tenant le baquet incliné, afin que le marc s'égoutte.

Les chofes étant en cet état, on coule dans le chaudron du moulin une quantité de mercure relative à celle d'argent qu'on fuppofe être contenue dans la poudre ; on emplit d'eau la cuve de ce moulin ; on y jette une portion du marc du baquet, & on tourne la manivelle de façon à donner à la maffe un mouvement de rotation lent, égal, & toujours dans le même fens. On continue ainfi pendant deux heures, après quoi on communique à la maffe un mouvement très-rapide, & en tous fens, pendant quelques minutes ; on lâche alors la bonde pratiquée à ce deffein dans le milieu de la hauteur de la cuve, & on reçoit l'eau trouble qui en fort, dans un nouveau baquet qu'on avoit difpofé pour la recevoir.

On ceffe alors pour un inftant de tourner la manivelle, jufqu'à ce qu'on ait chargé le moulin d'une nouvelle quantité du marc ou gravier du baquet, & on continue ainfi jufqu'à ce qu'on ait fait tout entrer fucceffi-vement dans le moulin.

On recommence les mêmes manœuvres fur le gravier qui s'eft dépofé dans le baquet qui l'a reçu au fortir du moulin ; mais avec

la

différence qu'on vide ce dernier d'heure n heure.

Cette opération finie, on incline douce-ment & par degrés la cuve du moulin, pour puiser, autant qu'il est possible, l'eau par dé-cantation ; on la renverse enfin au - dessus l'une terrine, dans laquelle on reçoit l'amal-game qui s'est formé pendant l'opération ; on y jette de l'eau à plusieurs reprises, pour faire descendre tout l'amalgame ; & on lave ce dernier à grande eau, pour le débarrasser des graviers qui le surnagent. C'est ce qu'on appelle, en termes de lavure, *lever le moulin.*

Lorsque l'amalgame a été bien lavé, on le verse dans une peau de chamois qu'on a mise sur une terrine ; on ferme la peau, & on y fait une forte ligature au-dessus de la matière ; on presse alors fortement avec les mains, pour faire passer à travers cette peau le mercure excédant ; on divise ensuite en pelotes ou en cubes la pâte qui reste dans le chamois, & on l'expose à l'air pour la faire sécher.

On met enfin cet amalgame dans une cornue de grès, qu'on place dans un four-neau de réverbère ; on adapte une alonge au col de la cornue, & un ballon à demi

T

rempli d'eau à celui de l'alonge ; on lute les jointures des vaiffeaux avec des bandes de papier qu'on y applique avec de la colle d'amidon ; on chauffe par degrés jufqu'à ce que le mercure commence à paffer dans le récipient ; on augmente le feu peu à peu jufqu'à faire rougir la cornue : lorfqu'après l'avoir foutenu en cet état pendant un bon quart d'héure, il ne paffe plus de mercure, on ceffe le feu, & on laiffe refroidir l'appareil.

Quand tout eft froid, on délute les vaiffeaux ; on renverfe le ballon dans une terrine ou dans un très-grand verre ; on lave à grande eau le mercure qui en eft forti ; & après l'avoir bien féché, on le réferve pour fervir à une pareille opération.

On ôte enfuite la cornue hors du fourneau, & après l'avoir caffée, on y trouve une maffe poreufe, friable, blanchâtre, qui eft un mélange d'argent allié de plufieurs métaux, & d'une certaine quantité de mercure qu'elle a retenu malgré la violence du feu, à raifon de l'adhérence que ce métal avoit contractée dans l'amalgame avec l'argent, & parce que ce dernier métal l'a recouvert & mis à l'abri de l'action du feu : on pile cette maffe, on la ftratifie, ainfi que les gre-

...ailles qu'on a triées, dans un creuset, avec du nitre, de la potasse, ou de la cendre gravelée; on procède à l'affinage avec les précautions que j'ai recommandées en décrivant celui de l'argent par le nitre; & lorsque l'opération a été bien conduite, on trouve sous les scories un culot d'or & d'argent très-pur, qu'il ne s'agit plus de séparer l'un de l'autre par l'eau-forte.

Cette grande opération, au moyen de laquelle les Orfévres retrouvent la majeure partie de l'argent qui se perd dans leur travail, est une imitation, comme on le voit, de celle par laquelle on retire ce métal de ses mines : c'est précisément le même travail en petit.

Comme tous les procédés qu'on y emploie, ont chacun reçu leur explication dans le cours de ce Traité, il ne me reste à faire que quelques observations.

Le succès de la lavure, & le moyen d'en obtenir le plus grand produit possible, consistent principalement,

1°. A incinérer absolument les petits charbons qui se trouvent parmi la cendre, attendu que, par les accidens qui arrivent assez fréquemment aux creusets, il n'est pas rare de trouver de l'argent qui y adhère, & qui, ne pouvant s'en détacher par le lavage, feroit conféquemment perdu.

2°. A tourner le moulin également, & fur-tout doucement, & toujours dans le même fens : au moyen de cette attention, l'argent fe dépofe bien plus facilement à la furface du bain de mercure : on fentira cela facile-ment, fi on fe repréfente l'extrême tenuité d'une grande partie de fes molécules, qui les rend prefque équipondérables avec les matières terreufes qui nagent avec elles dans l'eau du moulin. S'il n'en étoit pas ainfi, on ne feroit pas obligé de repaffer le gra-vier, après l'avoir tourné dans le moulin pendant deux heures. Plus donc le mouve-ment qu'on imprimera au liquide, fera lent, & plus auffi la précipitation de l'argent fera prompte & complète.

3°. Par une fuite néceffaire de ce principe, je penfe qu'on ne feroit pas mal, lorfqu'on repaffe le gravier, de le tourner auffi long-temps qu'on l'a fait dans la première opé-ration. Il eft certain que les *regrez* de lavure des Orfévres contiennent encore de l'argent; il y a des hommes qui les leur achètent, & qui les repaffent au moulin avec profit.

4°. Le mercure qui paſſe à travers le chamois, contient une certaine quantité d'argent ;
il en eſt ſaturé : on pourroit donc s'éviter
de preſſer l'amalgame, & l'introduire dans
la cornue, tel qu'il ſort du moulin. On doit
au moins le réſerver uniquement pour la
lavure, & ſur-tout ne l'employer jamais à la
dorure ; car l'argent qu'il allieroit à l'or, altéreroit la pureté & la couleur de ce métal.
Celui même qu'on retire par la diſtillation
de l'amalgame n'eſt pas abſolument exempt
du mélange de l'argent ; il en entraîne un
peu avec lui : je me ſuis aſſuré de ce fait en
en faiſant évaporer ſur une plaque de fer
bien polie ; il y a laiſſé une petite tache
argentée.

5°. Le mercure qui a ſervi à la lavure,
eſt plus propre à ce travail qu'aucun autre.
Les Orfévres qui travaillent avec ſoin, le
ſavent bien ; ils ont remarqué qu'ils retiroient
conſtamment plus d'argent de leur moulin,
lorſqu'ils y avoient mis du mercure qui avoit
déjà ſervi à la lavure, que lorſqu'ils en avoient
employé de nouveau.

Ceci tient à un grand principe de Chimie,
le principe des levains, principe conteſté

par quelques Chimiſtes, mais qui n'en eſt pas moins certain, & qui ſe retrouve en mille circonſtances.

Des procédés en uſage pour retirer l'argent du poncé.

On frotte avec la ponce & l'eau les ouvrages que leur forme empêche de pouvoir limer, pour bien effacer les inégalités qu'occaſionnent à leur ſurface les coups de marteau; on efface enſuite les traces de la ponce, en les frottant de même avec un charbon : ces manipulations s'exécutent ſur un baquet, qu'on appelle *bac à poncer*, au fond duquel ſe raſſemblent pêle-mêle la ponce, le charbon, & l'argent qu'ils ont emporté, tous trois, comme on le ſent, dans le plus grand état de diviſion. C'eſt à ce mélange qu'on donne le nom de *poncé*.

Lorſqu'on veut retirer l'argent du poncé, après avoir décanté l'eau qui le recouvre, on l'ôte du baquet, & on en forme de groſſes pelotes qu'on laiſſe ſécher à l'air; on les amoncèle enſuite dans une poîle de fer, & on les brûle au milieu des charbons, afin d'incinérer la poudre charbonneuse qu'ils contiennent.

Après cette opération, on les réduit en poudre, & on travaille à en retirer l'argent par un des deux procédés suivans.

Le premier consiste à les traiter au moulin *1er. procédé.* par l'amalgame, de même que les graviers de la lavure, avec cette différence qu'on mêle à l'eau une assez grande quantité de bon vinaigre, & qu'au lieu de vider le moulin de deux en deux heures, on ne le renouvelle que toutes les quatre, & même toutes les six heures.

Ce procédé est assez bon ; cependant, à *Remarques.* raison de la grande division de l'argent, il s'en faut de beaucoup qu'on en obtienne tout ce qu'en contient le poncé. Cette considération, jointe à sa longueur, ont fait donner, par la plupart des Orfévres, la préférence au suivant.

On mêle le poncé pulvérisé avec les deux *2e. procédé.* tiers de son poids de cendres gravelées ; on met ce mélange dans un creuset que l'on place dans le fourneau de fusion ; on pousse à la fonte, & on tient les matières fondues pendant une bonne heure, afin de donner à l'argent le temps de se séparer des scories vitreuses que forme la ponce, & de se rassembler au fond du creuset; on retire alors ce dernier du fourneau; après l'avoir laissé refroidir, on le casse, & on sépare d'un coup de marteau le culot d'argent, des scories vitreuses qui le recouvrent.

Remarques. Par ce procédé, lorsqu'il est exécuté avec soin, on est assuré d'avoir tout l'argent que contenoit le poncé.

Si on sait que cet argent contienne de l'or, on l'affine, & on sépare ces deux métaux par le moyen de l'eau-forte. S'il n'en contient point, alors on se contente de l'affiner.

Récapitulation générale de tout ce qui a été dit dans ce Traité élémentaire de Chimie docimastique.

Les opérations dont j'ai rendu compte dans le cours de cet Ouvrage, les explications théoriques que j'ai données des divers phénomènes qu'elles présentent, les détails où je suis entré sur les propriétés naturelles de tous les corps qui ont été le sujet ou l'objet des expériences docimaſtiques que j'ai décrites, les précautions que j'ai indiquées pour en obtenir des réſultats certains & invariables, enfin la maſſe d'obſervations que j'ai raſſemblées, forment, je crois, le Traité le plus complet qui exiſte en ce genre. Mon but, en le compoſant, a été, comme je l'ai annoncé, de préſenter aux Orfévres, & à tous ceux qui travaillent l'or & l'argent, un précis de connoiſſances chimiques qui pût les éclairer dans les opérations qu'ils font journellement ſur ces métaux précieux, & leur faire éviter les fautes qu'une pratique aveugle leur fait commettre, à leur grand préjudice. Je n'ai rien négligé pour mettre de la clarté dans l'expoſition des procédés & dans leur explication ; j'ai parlé, autant que je l'ai pu, le langage commun, écartant les termes de l'Art toutes les fois qu'il a été en mon pouvoir de le faire. Il ne me reſte plus qu'à rapprocher en une eſpèce de tableau les principaux objets qui ont fait la matière de ce Traité élémentaire : ce réſumé, en même temps qu'il rendra leurs propriétés plus ſenſibles, par la facilité de les comparer d'un coup-d'œil, me fournira auſſi l'occaſion de répéter les obſervations les plus importantes, & de placer même celles qui ont pu m'échapper, ou qui n'auroient pu trouver place dans le corps du Traité, ſans en déranger l'ordre.

L'or eſt, comme nous l'avons vu, le plus parfait des métaux; on ne connoît juſqu'à préſent aucun moyen de lui enlever les propriétés métalliques : s'il ſemble quelquefois les avoir perdues; s'il prend, dans quelques circonſtances, la forme de chaux; s'il préſente toutes les apparences des métaux privés, par la calcination, de leur phlogiſtique ; la ſeule action du feu, ſans aucune addition, ſuffit pour lui rendre ſa première forme avec toutes ſes propriétés ; il réſiſte aux agens qui détruiſent tous les corps de la nature, à l'action combinée de l'air & l'eau, à celle du feu le plus violent & le plus long-temps continué, à celle du plomb, qui vitrifie tous les métaux, toutes les terres & pierres: aucun acide pur ne l'attaque ; le ſoufre même & l'arſenic, ces deux grands minéraliſateurs, ne ſe combinent point avec lui ; ce métal eſt enfin le plus peſant, comme le plus indeſtructible des corps ſublunaires.

L'eau régale, ou le mélange des acides
marin & nitreux, diffout l'or ; ce métal
eft féparé ou précipité de fon diffolvant
par toutes les fubftances falines alkalines ;
mais lorfqu'on le précipite par l'alkali volatil, il acquiert une propriété fulminante
plus terrible que celle d'aucun autre compofé
connu. Tous les métaux folubles dans l'eau
régale enlèvent auffi l'or à ce menftrue : le
cuivre eft le métal qu'on préfère pour opérer
cette féparation. Quelques artiftes fe fervent
de la même propriété dont jouit le fer, pour
dorer ce dernier métal ; ils ne font, pour cela,
que plonger dans la diffolution d'or étendue
de beaucoup d'eau, la pièce de fer qu'ils
veulent dorer, la retirent fur le champ, la
jettent dans un vafe rempli d'eau claire, pour
la laver, & la bruniffent.

Enfin l'extrême ductilité de l'or effraye
l'imagination. Qui peut voir de fang froid
une once d'or recouvrir un fil d'argent de
plus de quatre cents lieues ?

L'argent eft auffi fixe, auffi indeftructible
que l'or par l'action combinée de l'air & de
l'eau, par celle du feu : s'il cède à un plus
grand nombre de diffolvans, il fort intact,

comme lui, de toutes les opérations qu'on lui a fait subir : si sa pesanteur, si sa ductilité, sa ténacité sont un peu moindres, il l'emporte, d'un autre côté, par sa dureté, qui est sensiblement plus grande.

L'acide nitreux, ou eau-forte, est le dissolvant ordinaire de l'argent ; l'acide marin paroît être son vrai dissolvant, puisqu'il l'enlève à tous les autres. Les moyens de l'en précipiter, sont les mêmes que ceux qui opèrent cet effet sur l'or.

Toutes les substances métalliques enfin s'unissent, par la fusion, avec l'or & avec l'argent, & on les sépare à volonté, soit par l'action des acides, soit par l'action vitrifiante du plomb, à laquelle ils résistent exclusivement, soit par celle d'un feu violent & long-temps continué, qui les détruit toutes, sans causer à ces deux métaux la moindre altération.

A ces caractères, qui mettent l'or & l'argent au-dessus de tous les corps connus, si nous joignons la propriété dont ils jouissent de n'être attaqués par aucun acide naturel, par les sels, les graisses, & les huiles ; de ne se charger d'aucune rouille ; de ne communiquer à nos alimens aucune qualité vénéneuse, aucun goût, aucune couleur, si long-temps que nous les y laissions séjourner; nous ne pourrons que regretter de ne pouvoir les remplacer dans nos cuisines par nulle autre substance métallique. Une casserole d'argent pur ou allié d'or seroit absolument exempte de tout danger, garantiroit des accidens si fréquens, attachés à l'usage du cuivre, & dont l'argent ordinaire de vaisselle ne met pas parfaitement à l'abri, lors au moins qu'on y laisse séjourner des sausses chargées de graisse; ce qui n'arrive que trop souvent, & d'autant plus qu'on est persuadé qu'on ne court aucun risque; ce qui seroit vrai si l'argent étoit pur; mais qui ne l'est pas dans l'espèce.

Mais l'argent pur est trop mou pour qu'on puisse le travailler, & en former des vaisseaux qui aient la roideur nécessaire pour conserver leur forme; & l'or, trop rare & trop cher, ne peut lui être allié pour cet usage. Nous ne pouvons donc que former des vœux pour que les Chimistes découvrent quelque alliage métallique, capable de remplacer l'argent dans les cuisines, ou qu'ils

trouvent au moins quelque métal plus commun & moins cher que l'or, propre à donner
à l'argent la confiſtance qui lui manque,
ſans lui communiquer les qualités vénéneuſes
qu'il acquiert par ſon alliage avec le cuivre.
La platine paroît propre à remplir ces indications ; il ſeroit donc à ſouhaiter qu'elle
devînt aſſez commune pour l'unir à l'argent, ſans augmenter le prix de ce métal.

Je ne crois pas avoir beſoin d'ajouter à
ce que j'ai dit ſur les précautions qu'exigent
la plupart des opérations que j'ai décrites
dans le cours de cet Ouvrage : je me contenterai d'obſerver, que lorſqu'on ſépare l'or
de l'argent par l'eau-forte, on doit apporter
tous ſes ſoins à éviter de reſpirer les vapeurs
de ce menſtrue ; ce qu'on fera facilement &
ſûrement, en poſant le matras ſous le tuyau
d'aſpiration de la forge, & ſe plaçant ſur le
vent.

Si les propriétés de l'or & de l'argent
placent ces métaux au premier rang des corps
naturels ; ſi elles ont excité notre admira-
tion, pouvons-nous nous défendre du même
ſentiment, lorſque nous réfléchiſſons ſur tout
ce qu'a fait l'induſtrie humaine, pour recon-

noître ces mêmes propriétés & en tirer parti ?
Quelle dextérité, quelle patience dans l'ouvrier d'Aufbourg, qui d'un seul grain d'or
a su tirer un fil de cinq cents pieds ! mais
quelle assiduité au travail, quelle imagination pour la recherche des procedés, quelle
sagacité pour leur explication, dans les Chimistes qui nous ont transmis les diverses opérations sans lesquelles nous ne pourrions nous
procurer ces métaux exempts du mélange
des autres substances metalliques, les séparer
des substances minérales avec lesquelles nous
les trouvons naturellement alliés, les retrou-
ver dans les cendres & balayures des ateliers, & enfin, de quelque manière qu'ils
se trouvent alliés ou confondus avec d'autres
matières, les faire reparoître pourvus de
toutes leurs propriétés !

J'espère que la lecture de cet Ouvrage
suffira pour convaincre les Orfévres & tous
ceux qui travaillent l'or & l'argent, de l'utilité de la Chimie pour les diriger dans leurs
opérations ; & je me croirai heureux, si j'ai pu
leur en rendre la théorie sensible : c'est au
moins l'unique but que je me suis proposé
dans la rédaction de ce Traité.

J'efpère encore , qu'en voyant la liaifon de la Chimie avec les Arts, fon utilité pour en éclairer les procédés, on reconnoîtra de plus en plus l'excellence de cette fcience, & qu'on ne nous demandera plus à quoi fert votre Chimie ?

F I N.

TABLE
DES MATIÈRES.

A.

V

B.

Fin de la table des matières.

Conseil du 30 Août 1777, à peine de déchéance de la présente Permission; qu'avant de l'exposer en vente, le Manuscrit qui aura servi de copie à l'impression dudit Ouvrage, sera remis dans le même état où l'Approbation y aura été donnée, ès mains de notre très-cher & féal Chevalier, Garde des Sceaux de France, le Sieur HUE DE MIROMESNIL, Commandeur de nos Ordres; qu'il en sera ensuite remis deux exemplaires dans notre Bibliothèque publique, un dans celle de notre Château du Louvre, un dans celle de notre très-cher & féal Chevalier Chancelier de France le Sieur DE MAUPEOU, & un dans celle dudit Sieur HUE DE MIROMESNIL: le tout à peine de nullité des Présentes, du contenu desquelles vous mandons & enjoignons de faire jouir ledit Exposant & ses ayans cause pleinement & paisiblement, sans souffrir qu'il leur soit fait aucun trouble ou empêchement. Voulons qu'à la copie des Présentes, qui sera imprimée tout au long au commencement ou à la fin dudit Ouvrage, foi soit ajoutée comme à l'original. Commandons au premier notre Huissier ou Sergent sur ce requis, de faire pour l'exécution d'icelles tous actes requis & nécessaires, sans demander autre permission, & nonobstant clameur de Haro, Charte Normande, & Lettres à ce contraires: CAR tel est notre plaisir. Donné à Paris le quatorzieme jour du mois de Juin, l'an de grace mil sept cent quatre-vingt-six, & de notre Regne le treizieme. Par le Roi en son Conseil. *Signé* L E B E G U E.

Registré sur le Registre XXII de la Chambre Royale & Syndicale des Libraires & Imprimeurs de Paris, n°. 715, fol. 571, conformément aux dispositions énoncées dans la présente Permission, & à la charge de remettre à ladite Chambre les neuf exemplaires prescrits par l'arrêt du 16 Avril 1785. A Paris le 16 Juin 1786.

V A L L E Y R E, Adjoint.

9 782019 683498